DEUTSCHE AKADEMIE DER WISSENSCHAFTEN ZU BERLIN

Veröffentlichungen der Sternwarte in Sonneberg

Band 1
Nummer 5

C. HOFFMEISTER, E. ROHLFS, P. AHNERT

Die veränderlichen Sterne der nördlichen Milchstraße
Teil VI

Akademie-Verlag GmbH · Berlin 1951

DEUTSCHE AKADEMIE DER WISSENSCHAFTEN
ZU BERLIN

Sternwarte Sonneberg

VERÖFFENTLICHUNGEN
BAND I

AKADEMIE-VERLAG GMBH · BERLIN 1947—1950

Inhalt

Nummer 1 — Seite

C. Hoffmeister, Zur Photometrie der Milchstraße 1

Nummer 2

P. Ahnert, C. Hoffmeister, A. van de Voorde, Die veränderlichen Sterne der nördlichen Milchstraße Teil IV 43

Nummer 3

P. Ahnert, C. Hoffmeister, E. Rohlfs, A. van de Voorde, Die veränderlichen Sterne der nördlichen Milchstraße Teil V 157

Nummer 4

H. Schneller, Eine einfache Methode zur Bestimmung der Systemkonstanten bei Bedeckungsveränderlichen 355

Nummer 5

C. Hoffmeister, E. Rohlfs, P. Ahnert, Die veränderlichen Sterne der nördlichen Milchstraße Teil VI 407

C. Hoffmeister, E. Rohlfs, P. Ahnert:

Die veränderlichen Sterne der nördlichen Milchstraße Teil VI

Veröffentlichungen der Sternwarte in Sonneberg · Band 1, Nr. 5

DEUTSCHE AKADEMIE DER WISSENSCHAFTEN ZU BERLIN

Veröffentlichungen der Sternwarte in Sonneberg

Band 1
Nummer 5

C. HOFFMEISTER, E. ROHLFS, P. AHNERT

Die veränderlichen Sterne der nördlichen Milchstraße Teil VI

Akademie-Verlag GmbH · Berlin 1951

Erschienen im Akademie-Verlag GmbH., Berlin NW 7. Schiffbauerdamm 19
Lizenz-Nr 156 · 100/79/50
Druck: Thüringer Volksverlag Werk II Langensalza
Bestell- und Verlagsnummer: 2006/1/5
Preis: 13,— DM

Einleitung.

Der 6. Teil der Veröffentlichungen zum Felderplan bedarf kaum einer Erklärung, da sich sein Inhalt durchaus dem des 5. Teiles anschließt. In der Einleitung zu letzterem sind auch die in den Tabellen benutzten Typenbezeichnungen der Veränderlichen zusammengestellt. Die daselbst S. 162 erwähnte Liste von 1440 neuen Veränderlichen ist inzwischen veröffentlicht worden (Astr. Abhandlungen, Ergänzungshefte zu den Astr. Nachrichten Band 12 Nr. 1, Akademie-Verlag, Berlin 1949). Auf sie beziehen sich die in dieser Arbeit vielfach benutzten vorläufigen Benennungen der Veränderlichen mit dem Kennbuchstaben S.

Übersicht der bearbeiteten Felder.

Bezeichnung	Galaktische Koordinaten l	b	Äquinoktium 1925.0 α	δ	Anzahl der Platten	Zeitabschnitt 24...	Anzahl der Sterne	davon unerledigt	Bearbeiter
ϰ Lyrae	29°	+21°	274°.3	+36°.0	166	29373—32119	92	7	Hoffmeister
ϱ Cygni	58	− 3	322.8	+45.3	167	27953—31327	127	7	Rohlfs
130 Tauri	157	− 3	85.8	+17.7	85	29250—32998	39	7	Ahnert
							258	21	

Zusätzliche Platten von übergreifenden Feldern:

ϰ Lyrae 84 Pl. **Astrograph** 400/1600 mm, 80 Pl. Triplet 140/700 mm.
ϱ Cygni 20 Pl. „ 400/1600 mm, 199 Pl. „ 170/1200 mm.

Sonneberg, 11. Mai 1950. C. Hoffmeister.

Feld κ Lyrae

C. Hoffmeister

Nr.	Name	α 1855.0	δ 1855.0	Art	Phase	Epoche 24...	Periode	Max.	Min.
2131	S 4235 Her	$17^h 49^m 12^s$	+39°27′	U	—	—	—	$12^m.0$	$12^m.6$
2132	S 4236 Her	17 50 50	+31 8.9	U	—	—	—	10.2	10.8
2133	S 4237 Her	17 52 24	+31 26	L	Min.	29710	373^d	12.0	12.7
2134	S 4238 Her	17 53 12	+38 40	RVs	Min.	29878	210	13.6	16.1
2135	S 4239 Her	17 55 0	+34 41	RRa	Max.	29965.246	0.396141	12.7	14.3
2136	S 4240 Her	17 57 24	+40 10	RRa	Max.	29375.600	0.611101	14.3	15.5
2137	254.1943 Her	17 58 0	+36 20	RRa	Max.	29373.543	0.5832163	13.6	14.3
2138	S 4241 Her	17 58 6	+40 4	RRa	Max.	29705.616	0.481788	15.6	16.8
2139	S 4242 Her	17 58 30	+38 40	RRb	Max.	29374.488	0.757367	12.4	13.0
2140	S 4243 Her	17 59 42	+38 0	U	—	—	—	14.9	16.0
2141	S 4244 Her	17 59 48	+35 22	L	Max.	29727	149.6	14.5	17.3
2142	S 4245 Her	18 2 36	+36 21	RRa	Max.	29373.559	0.595653	15.4	16.2
2143	S 4246 Her	18 2 48	+40 13	RWs	—	—	—	12.5	13.2
2144	S 4247 Her	18 3 18	+38 47	UG	—	—	—	14.0	[17.5
2145	S 3799 Her	18 3 24	+32 0	U	—	—	—	13.7	14.9
2146	S 4248 Her	18 4 24	+31 57	UG	—	—	—	15.8	[17.6
2147	S 3800 Her	18 4 30	+35 7	H	Max.	30100	165.5	12.6	14.6
2148	364.1933 Her	18 4 59	+35 48.3	H	Max.	29400	431	12.7	14.2
2149	S 4249 Her	18 5 54	+31 17	RRa	Max.	26099.510	0.5839212	13.8	15.6
2150	S 4250 Her	18 6 48	+31 13	L	Max.	29740	301	13.9	15.0
2151	S 4251 Her	18 6 48	+32 50	RW	—	—	—	14.8	16.4
2152	S 4252 Her	18 7 42	+33 30	RRa	Max.	29672.588	0.550564	14.4	15.4
2153	S 4253 Her	18 7 48	+38 45	RRa	Max.	29705.582	0.623681	13.7	14.6
2154	255.1943 Her	18 8 18	+34 53	U	—	—	—	12.0	12.7
2155	256.1943 Her	18 8 42	+39 7	RWs	—	—	—	12.4	13.6
2156	S 4254 Her	18 9 18	+33 22	RRa	Max.	29752.354	0.533652	15.0	16.1
2157	S 4255 Lyr	18 9 42	+32 25	A	Min.	26217.45	3.221214	14.4	16.6
2158	S 4256 Lyr	18 9 54	+41 9	U	—	—	—	15.0	15.5
2159	257.1943 Lyr	18 10 18	+38 15	β	Min.	30103.536	0.8619936	13.2	13.7
2160	258.1943 Lyr	18 10 30	+36 48	U	—	—	—	12.9	13.7
2161	S 4257 Lyr	18 11 0	+31 3	RRa	Max.	26145.440	0.4391978	13.9	15.2
2162	S 4258 Lyr	18 11 30	+40 40	RRa	—	—	—	13.7	14.9
2163	S 3801 Lyr	18 11 48	+34 47	H	Max.	29770	363	12.5	13.9
2164	S 4259 Lyr	18 12 18	+31 34	β	—	—	0.56±	13.8	14.4
2165	S 4260 Lyr	18 12 54	+36 10	RW	—	—	—	14.5	15.7
2166	S 4261 Lyr	18 13 12	+38 32	U	—	—	—	12.1	12.6
2167	S 4262 Lyr	18 13 24	+32 32	RRa	Max.	29374.537	0.412315	14.6	15.5
2168	S 4263 Lyr	18 14 0	+35 20	RRa	Max.	29375.519	0.377620	14.8	16.0
2169	259.1943 Lyr	18 14 12	+38 37	U	—	—	—	13.1	13.9
2170	S 4264 Lyr	18 14 30	+41 6	RRb	Max.	29672.663	0.545585	13.3	14.4
2171	S 3802 Lyr	18 17 18	+32 53	RRa	Max.	29374.435	0.5771203	11.0	11.8
2172	S 4265 Lyr	18 18 0	+33 7	β	Min.	30258.329	0.4728063	13.2	13.8
2173	S 4266 Lyr	18 18 24	+32 39	A	—	—	—	14.7	16.8
2174	S 4267 Lyr	18 19 0	+39 14	RW	—	—	—	14.6	16.0
2175	260.1943 Lyr	18 19 54	+31 27	L	Max.	29658	281.9	13.6	[17.0
2176	261.1943 Lyr	18 20 24	+31 24	L	Max.	29705	198.7	12.5	17.0

Nr.	Name	α 1855.0	δ 1855.0	Art	Phase	Epoche 24...	Periode	Max.	Min.
2177	262.1943 Lyr	$18^h20^m48^s$	+35°29′	U	—	—	—	$11^m.8$	$12^m.9$
2178	283.1943 Lyr	18 21 54	+33 44	L	Max.	29716	$297^d.6$	13.0	15.0
2179	S 3803 Lyr	18 23 12	+38 54	A	Min.	30104.44	0.798511	13.1	14.2
2180	S 3804 Lyr	18 23 24	+32 11	L	Max.	29827	282	11.5	[16.8
2181	S 4268 Lyr	18 24 12	+30 52	W	Min.	29670.68	0.6531646	13.8	14.1
2182	S 4269 Lyr	18 24 48	+34 10	A	Min.	30147.48	2.26235	14.4	16.0
2183	S 4270 Lyr	18 24 48	+39 39.4	RRa	Max.	29752.378	0.634963	13.7	14.6
2184	207.1935 Lyr	18 25 15	+37 23	L	Max.	29724	215.1	11.7	16.5
2185	S 4271 Lyr	18 25 48	+31 47	SV	Max.	29033	84.67	13.5	14.5
2186	S 4272 Lyr	18 25 48	+38 13	δ	Max.	30026.31	7.63038	15.1	16.3
2187	S 3805 Lyr	18 25 48	+38 17	RRb	Max.	29672.585	0.601483	13.5	14.1
2188	S 4273 Lyr	18 25 48	+40 12	RRa	Max.	29878.420	0.500182	12.8	13.9
2189	S 3806 Lyr	18 26 0	+38 32.5	H	Max.	29375	146	10.3	11.3
2190	S 3807 Lyr	18 26 6	+37 39	RRa	Max.	30209.492	0.3957714	13.1	14.4
2191	S 4274 Lyr	18 26 48	+33 10	RWs	—	—	—	14.6	15.2
2192	264.1943 Lyr	18 27 24	+32 55	β	Min.	29752.38	0.581550	14.7	15.4
2193	S 4275 Lyr	18 28 0	+35 51	RRa	Max.	29670.699	0.5702016	14.2	15.0
2194	S 4276 Lyr	18 28 6	+35 22	RRa	Max.	30088.530	0.488872	14.4	15.8
2195	S 4277 Lyr	18 28 18	+33 17	RVs	Min.	29800	260	14.9	16.1
2196	S 4278 Lyr	18 28 36	+40 4	RRa	Max.	29752.408	0.4409063	10.6	11.2
2197	265.1943 Lyr	18 28 54	+32 27	L	Max.	29417	149.6	13.6	17.0
2198	266.1943 Lyr	18 29 0	+33 58	U	—	—	—	13.3	14.3
2199	S 3808 Lyr	18 30 18	+38 13	UG	—	—	—	12.8	17.1
2200	267.1943 Lyr	18 30 51	+39 24	L	Max.	29810	326	13.2	[16.8
2201	S 4279 Lyr	18 31 18	+36 5	RRa	Max.	29373.574	0.55033	14.7	16.0
2202	S 4280 Lyr	18 32 24	+39 53	RR	Max.	29752.420	0.363908	14.1	14.7
2203	S 3809 Lyr	18 33 0	+32 26	H	Max.	29694	162	12.6	15.7
2204	S 4281 Lyr	18 33 42	+39 22	RRc	Max.	29373.559	0.3451239	13.9	14.3
2205	S 4282 Lyr	18 34 12	+31 36	RW	Max.	29065	129.3	12.9	15.5
2206	S 4283 Lyr	18 34 12	+40 18	RRc	Max.	29672.602	0.338471	13.5	14.0
2207	S 4284 Lyr	18 34 18	+34 56	RR	—	—	0.378 ?	15.6	16.5
2208	S 4285 Lyr	18 34 30	+34 24	H	Max.	29866	223	14.4	16.2
2209	S 4286 Lyr	18 35 6	+34 30	U	—	—	—	13.2	13.8
2210	S 4287 Lyr	18 35 24	+35 1	A	—	—	—	13.8	15.6
2211	S 4288 Lyr	18 35 36	+35 25	U	—	—	—	13.1	14.3
2212	S 4289 Lyr	18 35 44	+40 54.8	RRa	Max.	29752.390	0.545485	11.8	12.4
2213	S 4290 Lyr	18 36 0	+32 51	A	Min.	25347.565	1.611143	12.0	13.3
2214	S 4291 Lyr	18 37 12	+32 27	RRb	Max.	29375.551	0.483624	15.5	16.6
2215	S 4292 Lyr	18 37 36	+34 56	β	Min.	29373.57	0.544076	13.8	14.5
2216	S 4293 Lyr	18 37 54	+37 15	RW	—	—	—	14.8	15.6
2217	S 4294 Lyr	18 38 42	+37 34	RR	—	—	—	15.2	16.1
2218	S 4295 Lyr	18 38 55	+40 42.3	L	Max.	29764	153.0	11.8	16.6
2219	S 4296 Lyr	18 42 6	+39 57.3	RR	—	—	—	15.5	16.2
2220	AO Lyr	18 12 53	+31 38.3	L	Max.	29765	290.0	11.5	17.2
2221	AX Lyr	18 37 32	+35 26.8	L	Max.	29352	248.4	12.6	17.5
2222	CG Lyr	18 31 52	+33 16.4	RRa	Max.	25389.423	0.5089557	12.9	14.1

Feld ϱ Cygni

Eva Rohlfs

Nr.	Name	α 1855.0	δ 1855.0	Art	Phase	Epoche 242...	Periode	Max.	Min.
2223	110.1937 Cyg	$21^h\ 3^m 36^s$	+46°50′	L	Max.	8070	532^d	$12^m.4$	$15^m.0$
2224	111.1937 Cyg	21 3 42	+46 25	U	—	—	—	13.2	13.8
2225	112.1937 Cyg	21 4 6	+45 36	L	Max.	8055	144	13.8	15.8
2226	113.1937 Cyg	21 4 54	+43 13	K	—	—	—	14.6	15.3
2227	114.1937 Cyg	21 4 54	+46 9	L	Max.	8135	485	12.5	14.8
2228	152.1940 Cyg	21 5 13	+48 16.1	U	—	—	—	13.0	13.6
2229	115.1937 Cyg	21 5 36	+44 15	L	Max.	8418	523	14.0	[16.1
2230	153.1940 Cyg	21 5 56	+43 57.2	mP	Max.	7972	95.8	12.7	13.5
2231	659.1936 Cyg	21 6 0	+48 32.9	δ	Max.	7955.119	7.249835	10.8	11.8
2232	V 409 Cyg	21 6 9	+49 6.6	A	Min.	7953.35	37.726	13.3	14.8
2233	116.1937 Cyg	21 6 42	+43 6	A	—	—	—	13.7	14.4
2234	161.1943 Cyg	21 6 42	+45 58	U	—	—	—	11.8	12.4
2235	117.1937 Cyg	21 7 24	+47 24	Unb	—	—	—	13.2	13.5
2236	118.1937 Cyg	21 8 30	+46 26	U	—	—	—	14.9	16.1
2237	154.1940 Cyg	21 8 51	+44 54.8	A	Min.	8487.375	4.83716	13.3	15.2
2238	155.1940 Cyg	21 9 51	+42 52.7	U	—	—	—	12.4	13.1
2239	156.1940 Cyg	21 9 55	+42 55.2	A	Min.	8069.274	1.95561	14.3	16.2
2240	157.1940 Cyg	21 10 52	+47 40.8	L	Max.	8076	366	14.3	16.0
2241	158.1940 Cyg	21 11 29	+44 38.4	Unv	—	—	—	13.5	—
2242	119.1937 Cyg	21 11 48	+47 31	L	Max.	8090	259	13.2	15.6
2243	120.1937 Cyg	21 12 6	+45 6	U	—	—	—	12.3	12.7
2244	121.1937 Cyg	21 12 36	+45 28	L	Max.	8047	342	13.2	14.5
2245	159.1940 Cyg	21 14 55	+42 41.3	U	—	—	—	13.6	15.0
2246	160.1940 Cyg	21 15 58	+44 13.4	U	—	—	—	13.2	13.7
2247	122.1937 Cyg	21 16 0	+41 5	L	Max.	7938	130.4	12.8	[15.9
2248	161.1940 Cyg	21 16 33	+42 13.4	L	Max.	7954	414	13.3	[15.8
2249	162.1940 Cyg	21 16 50	+42 54.9	L	Max.	7955	218	13.6	[16.1
2250	123.1937 Cyg	21 17 30	+44 53	L	Max.	8045	216	13.2	[16.5
2251	162.1943 Cyg	21 18 0	+40 55	U	—	—	—	11.6	12.2
2252	124.1937 Cyg	21 18 0	+45 37	L	Max.	8054	215	14.0	[16.5
2253	163.1940 Cyg	21 18 10	+41 51.8	L	Max.	8052	359	13.5	[16.0
2254	164.1940 Cyg	21 18 18	+42 11.0	L	Max.	8310	262	12.6	14.9
2255	163.1943 Cyg	21 21 0	+46 42	mP	Max.	8376.7	50.245	13.4	14.6
2256	125.1937 Cyg	21 21 18	+41 1	L	Max.	8425	261	13.3	[16.3
2257	165.1940 Cyg	21 21 39	+47 41.2	A	Min.	8285.505	2.50206	15.0	16.2
2258	166.1940 Cyg	21 21 52	+42 52.2	BV	—	—	—	13.7	14.1
2259	53.1939 Cyg	21 23 47	+41 17.7	U	—	—	—	12.0	13.0
2260	126.1937 Cyg	21 23 54	+45 18	U	—	—	—	13.7	14.7
2261	127.1937 Cyg	21 24 0	+42 18	U	—	—	—	13.0	14.0
2262	128.1937 Cyg	21 25 0	+40 17	A	Min.	8428.344	7.2513	14.3	15.8
2263	167.1940 Cyg	21 25 59	+43 47.6	U	—	—	—	13.5	14.2
2264	168.1940 Cyg	21 26 6	+45 46.8	U	—	—	—	14.7	16.2
2265	129.1937 Cyg	21 26 6	+48 22	A	Min.	8038.435	3.09235	13.7	15.1
2266	169.1940 Cyg	21 27 28	+48 4.1	U	—	—	—	14.3	15.5
2267	170.1940 Cyg	21 27 29	+48 34.1	δ	Max.	8038.665	5.8645	12.2	13.3
2268	164.1943 Cyg	21 27 36	+45 5	U	—	—	—	13.9	15.5

Nr.	Name	α 1855.0	δ 1855.0	Art	Phase	Epoche 242...	Periode	Max.	Min.
2269	165.1943 Cyg	$21^h27^m36^s$	+43°17′	U	—	—	—	$13^m.4$	$14^m.7$
2270	166.1943 Cyg	21 28 36	+44 41	U	—	—	—	14.3	15.6
2271	171.1940 Cyg	21 28 37	+44 20.8	L	Max.	8365	184^d	13.9	16.1
2272	167.1943 Cyg	21 28 42	+43 28	U	—	—	—	13.2	14.0
2273	130.1937 Cyg	21 29 18	+46 6	L	Max.	8433	335	14.7	[16.5
2274	172.1940 Cyg	21 31 6	+46 44.2	U	—	—	—	13.2	14.6
2275	173.1940 Cyg	21 32 19	+44 44.6	U	—	—	—	13.9	14.6
2276	174.1940 Cyg	21 32 31	+41 23.9	U	—	—	—	13.1	14.5
2277	131.1937 Cyg	21 32 36	+47 45	A	Min.	8047.469	0.760372	12.8	13.6
2278	132.1937 Cyg	21 32 42	+47 30	L	Max.	8015	387	13.4	[16.0
2279	175.1940 Cyg	21 33 12	+41 41.8	U	—	—	—	13.6	15.3
2280	133.1937 Cyg	21 33 18	+41 55	U	—	—	—	13.4	13.9
2281	134.1937 Cyg	21 33 30	+40 33	L	Max.	7973	222	14.2	15.3
2282	135.1937 Cyg	21 33 54	+46 5	δ	Max.	7960.073	3.53067	14.6	15.6
2283	176.1940 Cyg	21 33 58	+44 31.6	U	—	—	—	9.7	10.5
2284	177.1940 Cyg	21 34 21	+47 47.4	L	Max.	7952	244	14.0	15.2
2285	136.1937 Cyg	21 34 42	+44 45	L	Max.	8000	575	14.8	15.9
2286	178.1940 Cyg	21 34 44	+43 36.4	L	Max.	8440	308	13.6	16.3
2287	179.1940 Cyg	21 35 12	+41 10.8	U	—	—	—	14.5	15.1
2288	180.1940 Cyg	21 35 25	+44 44.7	U	—	—	—	14.3	15.3
2289	181.1940 Cyg	21 35 29	+45 25.0	U	—	—	—	13.1	13.7
2290	V 410 Cyg	21 35 34	+49 9.5	L	Max.	8249	435	11.0	14.4
2291	182.1940 Cyg	21 36 28	+44 18.3	L	Max.	7945	344	13.3	16.0
2292	183.1940 Cyg	21 36 39	+46 27.4	A	Min.	7960.471	1.024865	14.2	15.3
2293	184.1940 Cyg	21 37 4	+41 19.3	A	Min.	8038.470	3.76461	11.8	13.1
2294	185.1940 Cyg	21 37 55	+45 35.7	L	Max.	7967	312	14.2	15.4
2295	168.1943 Cyg	21 38 30	+47 20	L	Max.	8065	359	13.6	15.2
2296	186.1940 Cyg	21 39 39	+47 14.3	L	Max.	8080	314	13.6	15.5
2297	187.1940 Cyg	21 41 18	+44 1.2	A	Min.	8422.401	4.19304	14.9	16.1
2298	169.1943 Cyg	21 41 42	+42 4	L	Max.	7980	322	12.8	16.5
2299	V 411 Cyg	21 41 42	+47 48.9	L	Max.	1075	321	14.0	16.0
2300	137.1937 Cyg	21 42 12	+45 15	U	—	—	—	13.9	15.7
2301	188.1940 Cyg	21 42 18	+40 43.8	A	Min.	7978.264	4.32922	13.9	15.2
2302	138.1937 Cyg	21 42 36	+45 0	L	Max.	8277	420	13.0	[16.5
2303	170.1943 Cyg	21 42 48	+40 18	A	Min.	8344.442	1.242052	13.1	13.6
2304	139.1937 Cyg	21 43 30	+42 22	L	Max.	7940	255	15.0	[16.2
2305	140.1937 Cyg	21 43 42	+42 40	L	Max.	7965	236	15.3	[16.3
2306	141.1937 Cyg	21 44 0	+48 54	L	Max.	8440	153.5	13.3	16.4
2307	171.1943 Cyg	21 44 42	+47 7	U	—	—	—	12.4	13.3
2308	172.1943 Cyg	21 45 48	+42 31	L	Max.	7944	324	12.3	16.3
2309	189.1940 Cyg	21 47 14	+43 37.4	A	Min.	7953.521	1.55684	14.1	15.6
2310	142.1937 Cyg	21 47 30	+43 22	U	—	—	—	13.5	14.4
2311	190.1940 Cyg	21 47 41	+48 8.3	A	Min.	7983.466	2.29184	14.7	15.6
2312	191.1940 Cyg	21 47 55	+44 21.9	A	Min.	8834.230	2.96074	14.3	14.9
2313	V 412 Cyg	21 48 42	+44 40.7	L	Max.	7970	425	15.0	[16.5
2314	192.1940 Cyg	21 49 54	+47 48.3	A	Min.	5911.530	3.40429	14.3	15.1
2315	193.1940 Cyg	21 50 52	+47 56.8	U	—	—	—	12.9	13.6
2316	194.1940 Cyg	21 51 42	+43 28.7	A	Min.	5504.523	4.65132	14.5	[16.2

Nr.	Name	α 1855.0	δ 1855.0	Art	Phase	Epoche 242....	Periode	Max.	Min.
2317	143.1937 Cyg	21h 54m 12s	+46° 35′	RRb	Max.	5243.341	0d.540964	14m.5	15m.6
2318	195.1940 Cyg	21 54 19	+47 12.4	U	—	—	—	12.9	13.8
2319	S 4540 Cyg	21 3 29	+40 36.8	L	Max.	8123	322	14.8	16.8
2320	S 4541 Cyg	21 4 14	+41 42.6	RW	—	—	—	12.7	14.2
2321	S 4542 Cyg	21 5 30	+43 35.3	U	—	—	—	11.4	12.4
2322	S 4543 Cyg	21 6 4	+46 34.7	Unv	—	—	—	10.8	—
2323	S 4544 Cyg	21 7 30	+47 28	A	—	—	—	14.6	15.9
2324	S 4545 Cyg	21 8 19	+43 26.2	L	Max.	8225	331	14.9	[16.5
2325	S 4546 Cyg	21 12 9	+45 34.2	U	—	—	—	11.0	11.5
2326	S 4547 Cyg	21 13 39	+42 1.7	L	Max.	8468	286	13.9	[16.3
2327	S 4548 Cyg	21 15 16	+44 37.9	L	—	—	—	13.6	14.3
2328	S 4549 Cyg	21 20 36	+47 6	A	—	—	—	13.5	14.9
2329	S 4550 Cyg	21 22 18	+42 56	L	—	—	—	14.7	15.9
2330	S 4551 Cyg	21 23 12	+40 1	A	Min.	9078.487	1.497998	13.0	13.8
2331	S 4552 Cyg	21 25 23	+49 31.2	L	Max.	9205	373	13.8	[16.0
2332	S 4553 Cyg	21 25 30	+49 29.6	A	Min.	9135.346	1.326655	13.0	15.0
2333	S 4554 Cyg	21 28 45	+46 35.9	W	Min.	7955.138	0.651650	12.6	13.0
2334	S 4555 Cyg	21 28 54	+49 17.4	A	Min.	10164.415	4.75852	12.0	12.8
2335	S 4556 Cyg	21 29 12	+40 1	UG	—	—	—	13.6	[16.3
2336	S 4557 Cyg	21 29 36	+43 13	U	—	—	—	14.4	15.2
2337	S 4558 Cyg	21 30 6	+39 47	UG	—	—	—	12.8	16.2
2338	S 4559 Cyg	21 34 47	+49 35.0	U	—	—	—	13.6	14.8
2339	S 4560 Cyg	21 38 18	+44 7	U	—	—	—	14.3	14.8
2340	S 4561 Cyg	21 42 18	+40 18	A	Min.	9167.479	5.47827	14.3	15.3
2341	S 4562 Cyg	21 42 42	+41 23	L	Max.	8868	364	12.2	[16.0
2342	S 4563 Cyg	21 44 0	+40 16	L	Max.	8090	420	13.2	[16.3
2343	S 4564 Cyg	21 44 18	+44 24	U	—	—	—	14.8	15.5
2344	S 4565 Cyg	21 44 24	+42 5	L	Max.	7993	302	13.0	14.8
2345	S 4566 Cyg	21 45 30	+43 57	L	Max.	7975	308	13.4	[15.8
2346	S 4567 Cyg	21 46 6	+49 4.2	U	—	—	—	13.7	14.8
2347	S 4568 Cyg	21 46 31	+48 3.2	A	Min.	8052.267	8.89254	12.3	13.0
2348	S 4569 Lac	21 52 36	+41 5	L	Max.	9052	375	12.5	[15.8
2349	S 4570 Lac	21 53 12	+40 20	L	—	—	—	13.4	14.8

Feld 130 Tauri

P. Ahnert

Nr.	Name	α 1855.0	δ 1855.0	Art	Phase	Epoche 24...	Periode	Max.	Min.
2350	S 3933 Tau	$5^h 20^m 18^s$	+16° 0′	A	Min.	29575.628	$1^d.88225$	$15^m.0$	$16^m.4$
2351	S 3731 Tau	5 21 43	+21 46.3	U	—	—	—	12.3	13.4
2352	S 3732 Tau	5 22 33	+21 54.1	Unv	—	—	—	14.2	—
2353	S 3934 Tau	5 22 36	+18 26.5	U	—	—	—	9.8	10.3
2354	1002. 1935 Tau	5 25 55	+21 31.0	Unv	—	—	—	9.5	—
2355	HV 6915 Tau	5 29 18	+17 39.7	L	Max.	29288	208	13.4	16.0
2356	S 3733 Tau	5 32 42	+16 30.9	U	—	—	—	12.4	13.5
2357	275.1934 Tau	5 33 29	+18 27.5	U	—	—	—	10.8	11.5
2358	S 3734 Tau	5 33 55	+21 56.7	U	—	—	—	13.4	14.3
2359	S 3735 Tau	5 34 4	+19 17.3	U	—	—	—	12.8	14.2
2360	HV 6220 Tau	5 34 58	+19 20.9	RR	—	—	—	13.5	14.3
2361	S 3935 Tau	5 36 8	+13 23.6	RR	—	—	—	14.8	15.6
2362	281.1934 Tau	5 37 6	+15 26.9	U	—	—	—	11.8	13.7
2363	S 3736 Tau	5 37 10	+18 34.6	Unv	—	—	—	8.7	—
2364	HV 6922 Tau	5 37 13	+18 34.4	U	—	—	—	14.8	15.5
2365	S 3737 Tau	5 37 18	+16 25	U	—	—	—	13.1	14.2
2366	1007.1935 Tau	5 37 18	+21 9.4	Unv	—	—	—	10.9	—
2367	HV 6923 Tau	5 38 28	+17 51.7	L	Max.	29238	364	13.0	15.5
2368	S 3738 Tau	5 40 48	+19 45	L	Max.	29390	327	14.5	17.0
2369	S 3739 Tau	5 41 9	+13 7.6	U	—	—	—	12.7	14.0
2370	S 3740 Ori	5 41 21	+21 48.6	U	—	—	—	13.5	14.9
2371	S 3741 Ori	5 41 30	+19 56	A	Min.	30258.610	1.748815	13.7	14.5
2372	S 3742 Tau	5 41 54	+15 56	L	Max.	29510	335	12.7	18:
2373	S 3743 Tau	5 43 12	+15 59	A	Min.	29641.562	5.39462[1])	11.7	12.3
2374	S 3744 Ori	5 44 57	+21 43.7	U	—	—	—	13.9	14.8
2375	S 3936 Tau	5 45 18	+13 54	L	Max.	29700	165.5	14.9	[17
2376	S 3937 Ori	5 47 42	+16 26	RR	—	—	—	15.1	16.1
2377	S 3938 Ori	5 47 53	+12 37.2	L	Max.	29195	360	14.5	15.9
2378	S 3745 Ori	5 48 58	+21 45.7	A	Min.	30367.319	3.08983	14.9	17:
2379	S 3746 Ori	5 49 0	+14 3	RR?	—	—	—	14.6	15.1
2380	S 3939 Ori	5 49 0	+19 47	RR	—	—	—	15.2	16.3
2381	S 3747 Ori	5 50 48	+20 1	U	—	—	—	11.2	11.9
2382	S 3940 Ori	5 51 18	+16 51	A	—	—	—	15.1	16.2
2383	Ross 190 Ori	5 52 29	+15 47.4	—	—	—	—	[15	[17
2384	S 3748 Ori	5 52 42	+16 54	RW	—	—	—	12.5	16.0
2385	S 3941 Ori	5 53 6	+15 30	L	Min.	29607	362	12.5	13.7
2386	S 3749 Ori	5 55 18	+14 42	A	—	—	—	14.8	[17
2387	S 3750 Ori	5 55 20	+21 13.4	L	Max.	29291	344	13.7	16.0
2388	286.1934 Ori	5 56 52	+12 33.8	Unv	—	—	—	10.4	—

[1]) Nur 3 Minima beobachtet; nicht völlig gesichert.

Feld $\varkappa$ Lyrae

C. Hoffmeister

2131. **S 4235 Her** UV Bootis-Stern; $12^{m}\!.0$—$12^{m}\!.6$.
Für diesen randnahen Stern standen nur 66 photographische Beobachtungen auf den Platten des 400 mm-Astrographen zur Verfügung, ferner jedoch 129 visuelle Beobachtungen an 61 Tagen zwischen 243 2703 und 2865. Der Stern war als kurzperiodisch angemeldet, doch konnte diese Eigenschaft nicht bestätigt werden, wenngleich geringe Lichtschwankungen innerhalb einiger Tage sicher vorkommen. Im allgemeinen ist der Lichtwechsel langsam. Die visuellen Beobachtungen zeigen Wellen von etwa 70^{d} Länge bei nur $0^{m}\!.35$ Amplitude. Die photographischen Beobachtungen bestätigen diese Eigenschaft, zeigen aber zugleich, daß der Lichtwechsel nicht dauernd periodisch ist. Er gleicht damit dem mancher μ Cephei-Sterne, und da der Veränderliche kaum stärker gefärbt ist als die Nachbarsterne, war er dem UV Bootis-Typus zuzuzählen. Immerhin sollte die Möglichkeit in Betracht gezogen werden, daß dieser Veränderliche von derselben Art ist wie der später behandelte Stern S 4246 Her, der sich von ihm nur durch den viel rascheren Lichtwechsel unterscheidet und daher als RW Aurigae-ähnlich zu bezeichnen war.

2132. **S 4236 Her** μ Cephei-Stern; $10^{m}\!.2$—$10^{m}\!.8$.
Innerhalb der Beobachtungszeit zeigte der rötliche Stern nur sehr flache Wellen bis zur Länge von 500^{d}, die zeitweilig fast bis zum Stillstand abflachten. Rascheste Änderung Aufstieg um $0^{m}\!.5$ in 65^{d}.

2133. **S 4237 Her** Langperiodisch; $12^{m}\!.0$—$12^{m}\!.7$.

$m = 242\,9710 + 373^{d} \cdot E.$

Min.	E	$B-R$
242 9700	0	-10^{d}
243 0100	1	+17
0445	2	−11
0810	3	−19
1200	4	− 2
1585	5	+10

Die Minima sind mäßig spitz, die Maxima so flach, daß während 200^{d} nur sehr geringe Änderungen erfolgen. Der Stern ist nicht stark gefärbt.

2134. **S 4238 Her** RV Tauri-ähnlich; $13^{m}\!.6$—$16^{m}\!.1$.

$m = 242\,9878 + 210^{d} \cdot E.$

Min.	E	$B-R$
242 9875	0	-3^{d}
243 0088	1	0
0310	2	+12
0500	3	− 8
0925	5	− 3
1145	6	+ 7
1345	7	− 3
1555	8	− 3

Die spitzen Minima werden über die ganze Beobachtungszeit sehr gut eingehalten, sind aber offenbar von verschiedener Tiefe. Dagegen ist der Kurvenverlauf im Maximum sehr unregelmäßig; die Höhe der Maxima wechselt zwischen $13^m_.6$ und $14^m_.1$. Mehrfach tritt die charakteristische β Lyrae-artige Form auf, jedoch ist eine Vertauschung von Haupt- und Nebenminimum nicht beobachtet. Der Stern gehört zu den zahlreichen Nebenformen des RV Tauri-Typus. Man vergleiche die Bemerkungen bei CAMPBELL und JACCHIA, The Story of Variable Stars.

2135. S 4239 Her RR Lyrae-Stern; $12^m_.7$—$14^m_.3$.
$M = 242\,9965.246 + 0^d_.396141 \cdot E$
$M - m = 0^d_.06$ Typus RRa.

Max.	E	B—R	Max.	E	B—R
242 9965.246	0	$0^d_.000$	243 0791.584	2086	$-0^d_.012$
243 0103.504	349	+0.005	0820.514	2159	0.000
0170.480	518	+0.033	0847.447	2227	−0.005
0262.324	750	−0.028	0868.444	2280	−0.003
0375.667	1036	+0.019	1223.412	3176	+0.022
0463.574	1258	−0.017	1587.457	4095	+0.013
0517.464	1394	−0.003	2037.461	5231	+0.001
0578.478	1548	+0.006			

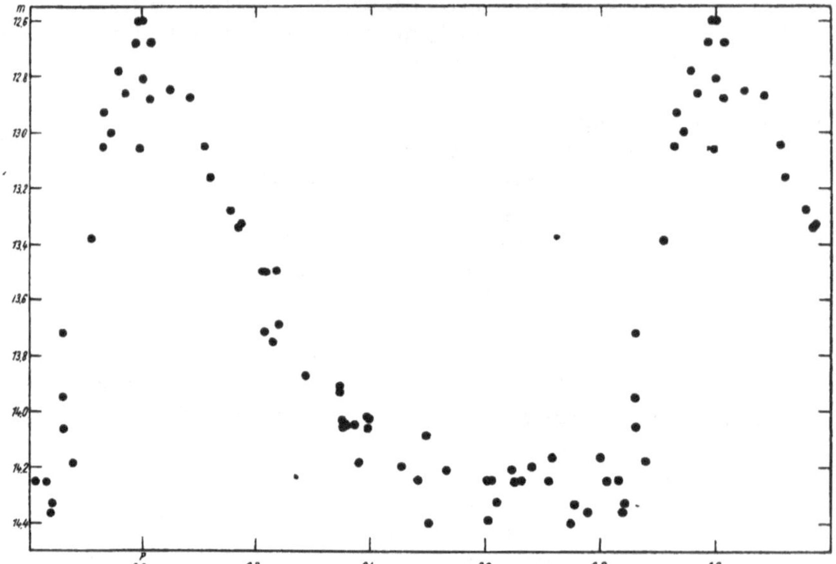

S 4239 Herculis

2136. S 4240 Her RR Lyrae-Stern, $14^m_.3$—$15^m_.5$.
$M = 242\,9375.600 + 0^d_.611101 \cdot E$.
$M - m = 0^d_.15$ Typus RRa.

Max.	E	B—R	Max.	E	B—R
242 9375.534	0	$-0^d_.066$	242 9705.634	540	$+0^d_.039$
9672.637	486	+0.042	243 0147.435	1263	+0.014

Max.	E	$B-R$	Max.	E	$B-R$
243 0262.324	1451	$+0^{\mathrm{d}}.016$	243 0991.342	2644	$-0^{\mathrm{d}}.009$
0431.590	1728	+0.007	1146.599	2898	+0.028
0442.541	1746	−0.041	1222.398	3022	+0.051
0843.468	2402	+0.003	1346.351	3225	−0.050

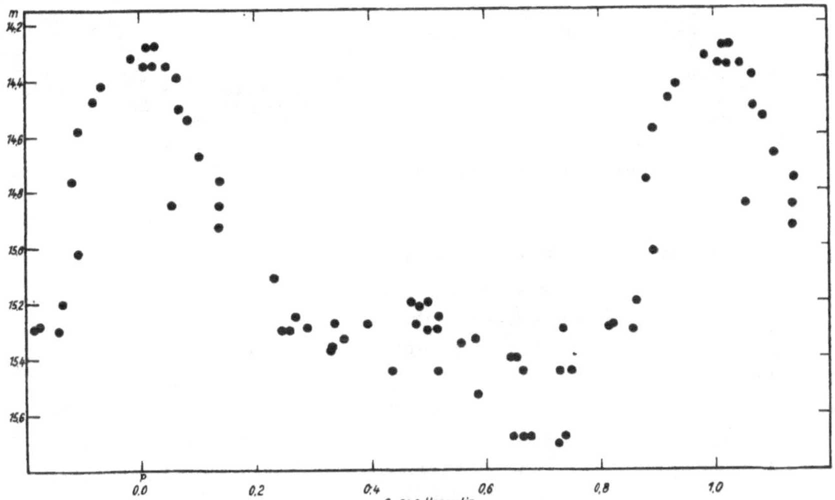

S4240 Herculis

2137. 254.1943 Her RR Lyrae-Stern; $13^{\mathrm{m}}.6$—$14^{\mathrm{m}}.3$.
$M = 242\ 9373.543 + 0^{\mathrm{d}}.5832163 \cdot E$.
$M - m = 0^{\mathrm{d}}.075$ Typus RRa.

Max.	E	$B-R$	Max.	E	$B-R$
242 9373.588	0	$+0^{\mathrm{d}}.045$	243.0939.455	2685	$-0^{\mathrm{d}}.024$
9747.435	641	+0.050	0991.342	2774	−0.043
243 0088.538	1226	−0.028	1001.332	2791	+0.032
0147.432	1327	−0.039	1222.396	3170	+0.057
0258.335	1517	+0.053	1469.677	3594	+0.055
0262.324	1524	−0.041	2688.553	5684	+0.009
0442.541	1833	−0.037	2716.533	5732	−0.006
0463.573	1869	−0.001	2765.522	5816	−0.007
0578.476	2066	+0.008	2775.450	5833	+0.006
0633.319	2160	+0.029	2779.522	5840	−0.004
0820.513	2481	+0.010	2793.518	5864	−0.005
0876.461	2577	−0.030	2803.428	5881	−0.010
0932.463	2673	−0.017	2806.363	5886	+0.009

Die letzten 8 Maxima sind visuell beobachtet. Die größere Streuung der zur Lichtkurve vereinigten Einzelbeobachtungen ist zum Teil durch die Schwäche des Sterns und die Störung durch einen helleren Nachbarstern, zum Teil aber sicher durch kleine Unregelmäßigkeiten im absteigenden Ast verursacht.

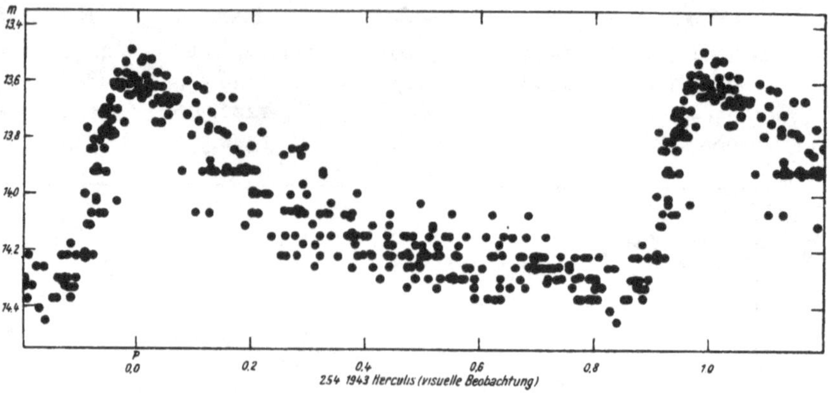

254 1943 Herculis (visuelle Beobachtung)

2138. S 4241 Her RR Lyrae-Stern; $15^{\text{m}}.6$—$16^{\text{m}}.8$.

$M = 242\ 9705.616 + 0^{\text{d}}.481788 \cdot E$.

$M - m = 0^{\text{d}}.07$ Typus RRa.

ax.	E	B—R	Max.	E	B—R
242 9705.619	0	$+0^{\text{d}}.003$	243 0791.584	2254	$+0^{\text{d}}.018$
9750.411	93	—0.011	0847.447	2370	—0.007
9777.408	149	+0.006	1231.426	3167	—0.013
243 0473.580	1594	—0.006			

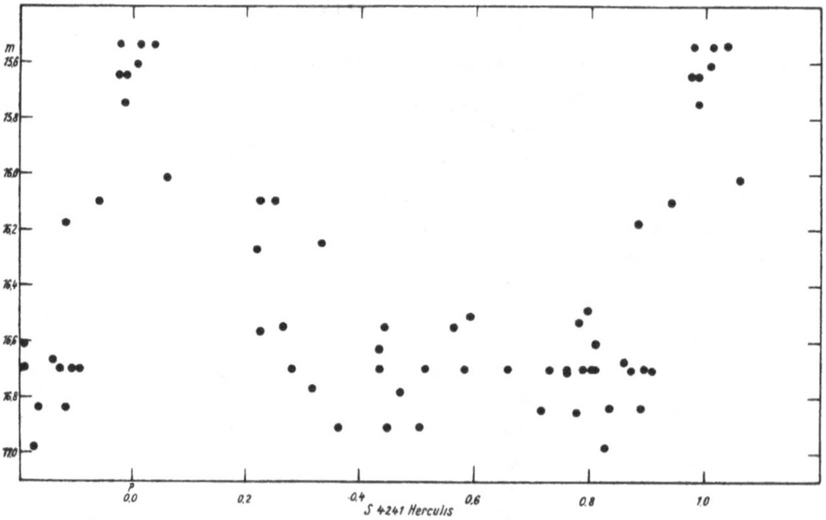

S 4241 Herculis

2139. S 4242 Her RR Lyrae-Stern; $12^{\text{m}}.4$—$13^{\text{m}}.0$.

$M = 242\ 9374.488 + 0^{\text{d}}.757367 \cdot E$.

$M - m = 0^{\text{d}}.195$ Typus RRb.

Max.	E	B—R	Max.	E	B—R
242 9374.520	0	$+0^{\text{d}}.032$	242 9777.408	532	$+0^{\text{d}}.001$
9670.654	391	+0.039	243 0142.424	1014	—0.034

Max.	E	B—R	Max.	E	B—R
243 0258.335	1167	$0\overset{\mathrm{d}}{.}000$	243 2779.575	4496	$-0\overset{\mathrm{d}}{.}035$
0280.363	1196	+0.064	2780.400	4497	+0.033
0375.667	1322	−0.060	2795.510	4517	−0.005
0457.498	1430	−0.025	2802.360	4526	+0.029
0498.397	1484	−0.024	2804.590	4529	−0.013
0582.491	1595	+0.003	2805.365	4530	+0.004
0794.538	1875	−0.013	2823.510	4554	−0.027
0938.417	2065	−0.034	2827.310	4559	−0.014
1001.332	2148	+0.020	2830.385	4563	+0.031
2711.453	4406	+0.006	2833.385	4567	+0.002
2717.530	4414	+0.024	2865.210	4609	+0.017
2761.435	4472	+0.002	2883.310	4633	−0.059
2764.430	4476	−0.033	2884.180	4634	+0.053
2767.460	4480	−0.032	2893.241	4646	+0.026
2770.467	4484	−0.055			

251 visuelle Beobachtungen zwischen 243 2711 und 2893 sind benutzt.

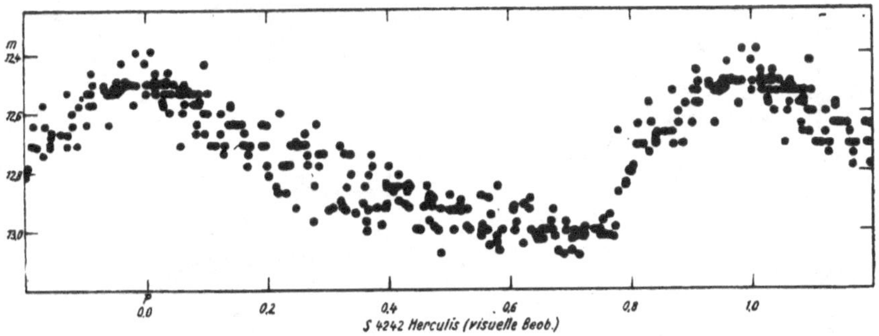

S 4242 Herculis (visuelle Beob.)

2140. S 4243 Her Unregelmäßig; $14\overset{\mathrm{m}}{.}9$—$16\overset{\mathrm{m}}{.}0$.
Der Lichtwechsel weist lange Wellen, die sich zeitweilig fast zu Stillständen abflachen, und seltener etwas raschere Änderungen auf. Es zeigt sich keine Bevorzugung einer bestimmten Wellenlänge, so daß völlige Regellosigkeit angenommen werden darf. Über die Farbe des Sterns läßt sich nichts ermitteln.

2141. S 4244 Her Mira-Stern; $14\overset{\mathrm{m}}{.}5$—$17\overset{\mathrm{m}}{.}3$.
$M = 242\,9727 + 149\overset{\mathrm{d}}{.}6 \cdot E$. $M - m = 64^{\mathrm{d}}$

Max.	E	B—R	Max.	E	B—R
242 9726	0	-1^{d}	243 0935	8	$+11^{\mathrm{d}}$
9879	1	+ 2	1221	10	− 2
243 0025	2	− 1	1374	11	+ 1
0178	3	+ 2	1522	12	0
0315	4	−10	1675	13	+ 3
0477	5	+ 2	1970	15	− 1
0628	6	+ 3	2115	16	− 6
0775	7	+ 1			

Form der Lichtkurve β_1

2142. S 4245 Her RR Lyrae-Stern; $15^m_{.}4$—$16^m_{.}2$.

$M = 242\ 9373.559 + 0^d_{.}595653 \cdot E$.

$M - m = 0^d_{.}12$ Typus RRa.

Max.	E	B—R	Max.	E	B—R
242 9373.559	0	$0^d_{.}000$	243 0848.419	2476	$+0^d_{.}028$
9672.637	502	+0.060	0873.441	2518	+0.023
9752.378	636	−0.016	0932.463	2617	+0.080
9777.408	678	−0.004	0991.342	2716	−0.011
243 0101.451	1222	+0.004	1346.351	3312	−0.011
0262.324	1492	+0.051	1469.677	3519	+0.015
0463.574	1830	−0.030	1589.422	3720	+0.034
0497.508	1887	−0.048	1655.498	3831	−0.008
0605.376	2068	+0.007	1701.370	3908	−0.001
0793.620	2384	+0.024			

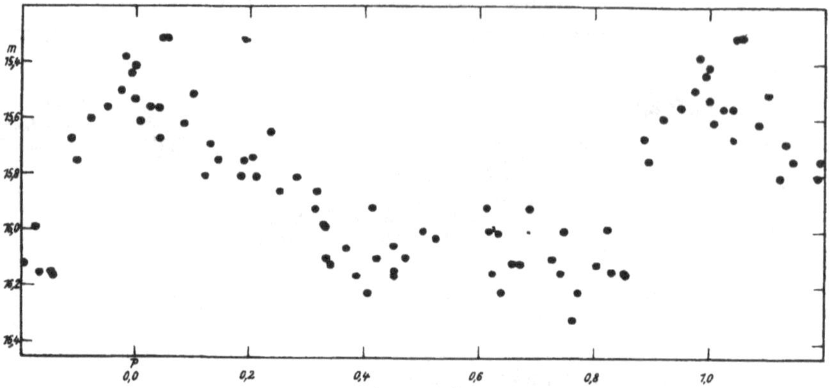

S 4245 Herculis

2143. S 4246 Her RW Aurigae-ähnlich; $12^m_{.}5$—$13^m_{.}2$.

Neben den photographischen Beobachtungen stehen 151 visuelle Beobachtungen an 61 Tagen zwischen 243 2703 und 2865 zur Verfügung. Von einem mittleren Wert aus springt die Helligkeit um geringe Beträge nach oben und unten, wobei die Erhellungen nach Amplitude und Häufigkeit bevorzugt sind. Die Änderungen verlaufen rasch, mindestens von einem Tag zum andern. Das Ruhelicht wird aber anscheinend manchmal über mehr als 100^d nahezu eingehalten. Bei den photographischen Beobachtungen lag es von 242 9373 bis gegen 243 1500 bei $13^m_{.}0$, nahm dann aber langsam zu auf $12^m_{.}65$ am Ende der Reihe bei 243 2100. Es scheinen auch hier Zeiten relativer Ruhe mit solchen erhöhter Aktivität abzuwechseln. Während der visuellen Beobachtungen war die Amplitude nur $0^m_{.}2$ um den Mittelwert $12^m_{.}60$, doch dürften die geringen, rasch verlaufenden Schwankungen wegen günstiger Vergleichsterne und sehr sorgfältiger Beobachtung gesichert sein. Der Stern ist farbgleich mit den Sternen der Umgebung.

2144. S 4247 Her U Geminorum-Stern; $14^{m}.0$—[$17^{m}.5$.

Ein einziges Maximum ist belegt, aus dessen Umgebung folgende Beobachtungen vorliegen:

243 0234.47	[$16^{m}.3$
0254.41	14.0
0258.34	14.3
0259.33	14.4
0262.32	14.7
0280.36	[16.2

2145. S 3799 Her μ Cephei-Stern; $13^{m}.7$—$14^{m}.9$.

Der völlig regellose Lichtwechsel des nur schwach gefärbten Sterns weist zum Teil sehr flache Wellen bis zu 400^{d}, zum Teil relativ rasche Änderungen auf, wobei ein Intervall von $0^{m}.4$ in 10^{d} durchlaufen werden kann, unter Ausbildung kürzerer Wellen von 50^{d} bis 150^{d} Dauer. Die Amplitude der Teilwellen übersteigt nicht $0^{m}.7$. Das allgemeine Niveau des Lichtwechsels unterliegt Änderungen um $0^{m}.5$.

2146. S 4248 Her U Geminorum-Stern; $15^{m}.8$—[$17^{m}.6$.

Sicher belegt sind nur 2 Maxima, aus deren Umgebung folgende Beobachtungen vorliegen: 242 9373.6 $16^{m}.0$, 9374.5 $15^{m}.85$, 9375.5 $16^{m}.0$; 243 0147.4 [$16^{m}.6$, 0163.5 $16^{m}.4$, 0170.5 $16^{m}.5$.

Auf Tripletplatten ist die Beobachtung durch 2 enge Nachbarn besonders erschwert. Möglicherweise hell war der Stern zu folgenden Zeiten: 243 0073, 0645, 1290, 1651, 2006, 2064.

2147. S 3800 Her Halbregelmäßig; $12^{m}.6$—$14^{m}.6$.

M=243 0100+$165^{d}.5 \cdot E$.

Max.	E	$B-R$	Max.	E	$B-R$
243 0100	0	0	243 1251	7	$-7^{d}.5$
0275	1	+ 9.5	1426:	8	+ 2
0434	2	+ 3	1589	9	− 0.5
0586	3	−10.5	1935	11	+14.5
0750	4	−12	2086	12	0
0926	5	−1.5			

Die Periode ist über die ganze Beobachtungszeit wirksam, die Kurvengestalt jedoch sehr veränderlich. Von 242 9670 bis 9965 besitzen die Wellen nur $0^{m}.4$ Amplitude um die Mittellage $13^{m}.5$. Die Amplituden steigen allmählich an und erreichen im letzten Teil der Reihe mehrfach den vollen Umfang des Lichtwechsels. Die hohen Maxima sind spitz. Die relativ niedrigen Maxima E 2 und E 11 zeigen eine starke Welle im Aufstieg und sind stumpf. Das Maximum E 0 schließt sich den vorausgegangenen flachen Wellen an, von denen es sich nur durch die etwas größere Amplitude von $0^{m}.7$ unterscheidet. Der Stern gehört zu der Gruppe von AF Cygni.

2148. 364.1933 Her Halbregelmäßig; $12^{m}.7$—$14^{m}.2$.

$M = 242\,9400 + 431^{d} \cdot E.$

Max.	E	$B-R$	Max.	E	$B-R$
242 9374	0	-26^{d}	243 0695	3	$+\ 2^{d}$
9865	1	+34	1095	4	−29
243 0280	2	+18	1560	5	+ 5

Der Stern ist rot, Helligkeitsüberschuß auf panchromatischer Platte mit Gelbfilter (GG 14 2 mm) etwa $2^{m}.5$. Die Lichtkurve verläuft ziemlich unregelmäßig; der langen Welle sind an manchen Stellen Folgen kurzer Wellen von 35^{d} bis 60^{d} Länge und Amplituden bis $0^{m}.5$ überlagert. Die mittleren Amplituden der langen Welle sind $0^{m}.7$ bis $1^{m}.0$.

2149. S 4249 Her RR Lyrae-Stern; $13^{m}.8$—$15^{m}.6$.

$M = 242\,6099.510 + 0^{d}.5839212 \cdot E.$

$M - m = 0^{d}.08$ Typus RRa.

Max.	E	$B-R$	Max.	E	$B-R$
242 6099.526	0	$+0^{d}.016$	243 0793.620	8039	$-0^{d}.033$
6244.330	248	+0.008	0820.514	8085	+0.001
6599.359	856	+0.012	0938.465	8287	0.000
6620.340	892	−0.028	0969.395	8340	−0.018
7532.442	2454	−0.011	0972.335	8345	+0.003
9373.559	5607	+0.003	0973.505	8347	+0.005
243 0103.504	6857	+0.046	0990.419	8376	−0.015
0496.443	7530	+0.006	1144.624	8640	+0.035

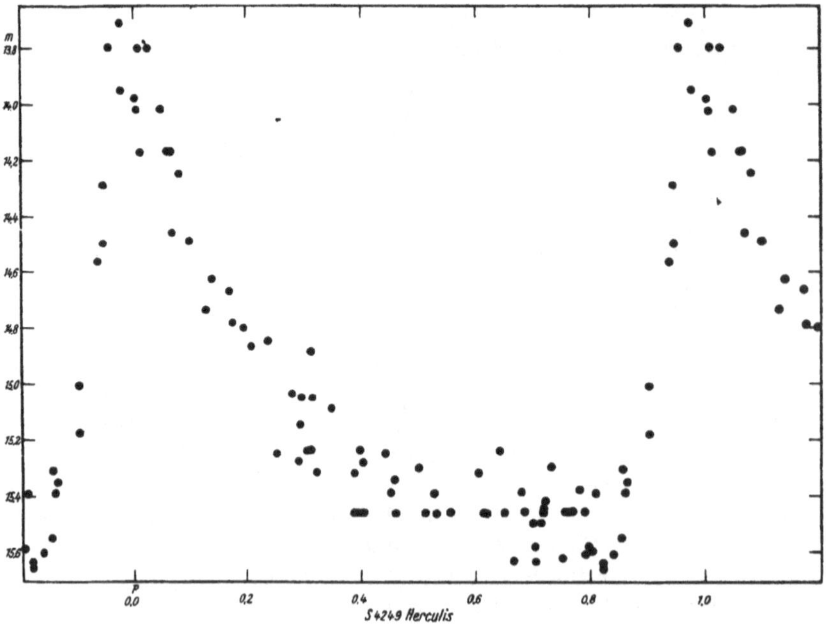

S 4249 Herculis

2150. S 4250 Her Langperiodisch; $13^m\!.9$—$15^m\!.0$.
$M = 242\ 9740 + 301^d \cdot E$.
$M - m = 150^d$.

Max.	E	$B-R$	Max.	E	$B-R$
242 9745	0	$+5^d$	243 0940	4	-4^d
243 0055	1	+14	1235	5	−10
0340	2	− 2	1560	6	+14
0635:	3	− 8			

Der Stern ist dem Z Aquarii-Typus zuzurechnen. Der Lichtkurve scheinen manchmal rasche Schwankungen überlagert zu sein, wobei ein Intervall von $0^m\!.5$ in einigen Tagen durchlaufen wird. Bei 242 9373—75 ist der Stern nach 3 Beobachtungen $13^m\!.9$, 366^d vor dem Ausgangsmaximum, wodurch ebenfalls auf Unregelmäßigkeiten hingewiesen ist.

2151. S 4251 Her RW Aurigae-Stern; $14^m\!.8$—$16^m\!.4$.
Reihenaufnahmen des Feldes ξ Herculis konnten benutzt werden. 11 Beobachtungen in 4 Nächten 243 0938—0941 deuten auf RR Lyrae-Lichtwechsel hin, wobei die Maxima nach $0^d\!.993$ wiederkehren; 3 Maxima sind beobachtet. Doch ist merkwürdig, daß die Ausgangshelligkeit der Aufstiege mit $15^m\!.8$—$16^m\!.0$ erheblich über der anderweitig beobachteten Minimalgröße liegt. Ein weiterer Aufstieg $16^m\!.2$—$15^m\!.5$ ist bei 0973.4 beobachtet; indessen befand sich der Stern genau 24 Stunden früher in einem glatten Abstieg $15^m\!.5$—$16^m\!.2$ (je 4 Beobachtungen), und bei 0969.48 ist ein algolartiges Minimum festgestellt (4 Werte $15^m\!.8$, $16^m\!.1$, $16^m\!.4$, $15^m\!.9$, je 1^h Belichtung). Die Einzelplatten ergeben Differenzen der Epochen der Maxima nahe bei $1^d\!.0$, $2^d\!.0$, $3^d\!.0$, $4^d\!.0$, $5^d\!.0$, $9^d\!.0$, $15^d\!.0$, $18^d\!.0$, in den 2. Differenzen auch $7^d\!.0$, $11^d\!.0$, $16^d\!.0$, also offenbar alle beliebigen Vielfachen des vollen Tages. Da die Platten meist in der Nähe des Meridians aufgenommen sind, kann diesem Befund auch mit der Annahme unregelmäßigen Lichtwechsels genügt werden. Wenn man die Reihenbeobachtungen als zuverlässig erachtet, wogegen trotz der Schwäche des Sterns keine Bedenken bestehen, ist die Annahme periodischen Lichtwechsels auszuscheiden. Weiteres kann mit den der Sternwarte Sonneberg noch verbliebenen Instrumenten nicht ermittelt werden.

2152. S 4252 Her RR Lyrae-Stern; $14^m\!.4$—$15^m\!.4$.
$M = 242\ 9672.588 + 0^d\!.550564 \cdot E$.
$M - m = 0^d\!.125$ Typus RRa.

Max.	E	$B-R$	Max.	E	$B-R$
242 9672.637	0	$+0^d\!.049$	243 0514.435	1529	$+0^d\!.035$
9705.634	60	+0.012	0820.514	2085	0.000
9747.437	136	−0.028	0847.447	2134	−0,045
243 0375.667	1277	+0.009	0852.464	2143	+0.017
0381.673	1288	−0.041	1222.398	2815	−0.028
0386.676	1297	+0.006	1346.351	3040	+0.048
0498.397	1500	−0.037			

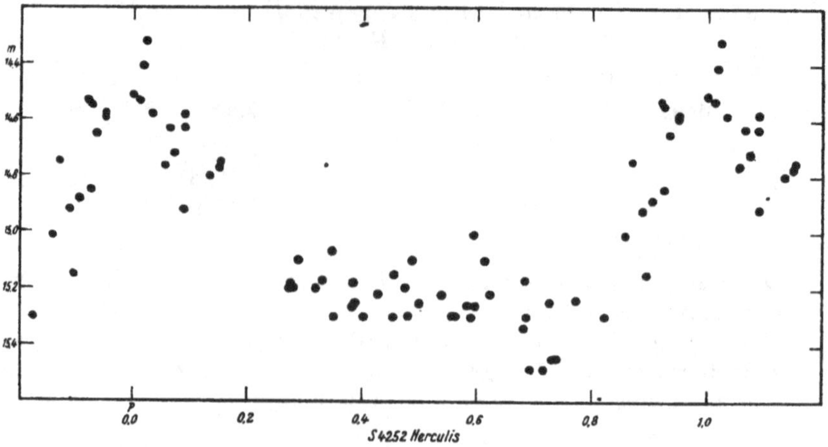

2153. S 4253 Her RR Lyrae-Stern; 13^m7—14^m6.
M=242 9705.582 +$0^d.623681 \cdot E$.
$M-m$=$0^d.11$ Typus RRa.

Max.	E	$B-R$	Max.	E	$B-R$
242 9705.619	0	$+0^d.037$	243 1200.553	2397	$+0^d.008$
9878.376	277	+0.034	1313.392	2578	−0.040
243 0103.504	638	+0.014	1328.424	2602	+0.024
0254.406	880	−0.015	1588.504	3019	+0.029
0431.590	1164	+0.043	1646.460	3112	−0.017
0461.436	1212	−0.047	1701.370	3200	+0.009
0486.409	1252	−0.022	2064.389	3782	+0.045
0582.491	1406	+0.014	2087.411	3819	−0.009
0764.642	1698	+0.050			

Die starke Streuung der Maximalhelligkeiten deutet auf Unregelmäßigkeiten der Lichtkurve hin.

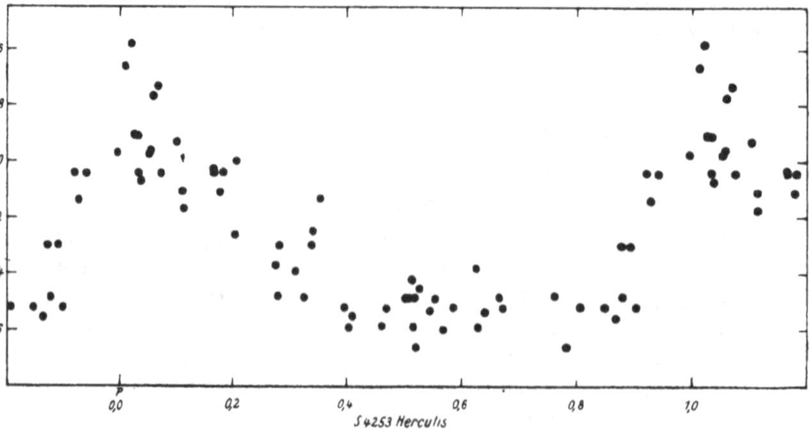

2154. 255.1943 **Her** μ Cephei-Stern; $12^{m}.0$—$12^{m}.7$.
Der gelbe Stern zeigt sehr flache Wellen, die eine Periode von etwa 600^{d} relativ gut erkennen lassen. Der Lichtwechsel ist stets langsam.

2155. 256.1943 **Her** RW Aurigae-ähnlich; $12^{m}.4$—$13^{m}.6$.
Kennzeichen des Lichtwechsels sind relativ rasche, völlig regellose Schwankungen stark wechselnder Amplitude, wobei Änderungen von $0^{m}.2$ in 1^{d} auftreten. Stillstände bei $13^{m}.0$ sind bis zur Dauer von 100^{d} beobachtet, doch war der Stern während des weitaus überwiegenden Teils der Beobachtungszeit aktiv. Farbe gelb; eine panchromatische Filterplatte zeigt den Stern um 1^{m} heller.

2156. S 4254 **Her** RR Lyrae-Stern; $15^{m}.0$—$16^{m}.1$.
M=242 9752.354+$0^{d}.533652 \cdot E$.
$M-m$=$0^{d}.13$ Typus RRa.

Max.	E	B—R	Max.	E	B—R
242 9752.378	0	$+0^{d}.024$	243 1346.351	2987	$-0^{d}.022$
9777.408	47	−0.028	1469.675	3218	+0.029
243 1144.624	2609	−0.028	1555.546	3379	−0.018
1322.403	2942	+0.045	1609.479	3480	+0.016

Die Lichtkurve zeigt einige Unstimmigkeiten, die sich aber erklären lassen durch die Annahme zeitweiliger Verflachung. Der Stern ist etwas schwierig wegen seiner Schwäche und ungünstiger Vergleichsterne.

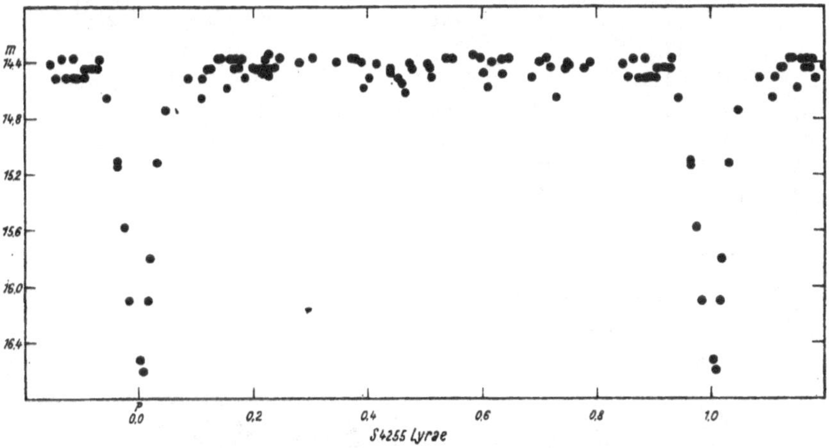

2157. S 4255 **Lyr** Algol-Stern; $14^{m}.4$—$16^{m}.6$.
m=242 6217.45+$3^{d}.221214 \cdot E$.
D=$10^{h}.0$ d=0^{h}.

Min.	Gr.	E	B—R
242 6217.38	$16^{m}.0$	0	$-0^{d}.07$
6478.43	16.0	81	+0.06
9670.65	15.8	1072	+0.06

Min.	Gr.	E	$B-R$
243 0163.47	$16^m.6$	1225	$+0^d.03$
0791.58	16.5	1420	+0.01
0820.51	16.1	1429	−0.05
0991.34	16.1	1482	+0.05
1313.39	[15.7	1582	−0.02
1912.54	[16.0	1768	−0.02
2083.33	[15.4	1821	+0.05

2158. S 4256 Lyr μ Cephei-Stern; $15^m.0-15^m.5$.

Die geringe Helligkeit und die kleine Amplitude erschweren zwar die Beobachtung, doch scheint sicher zu sein, daß der Stern sein Licht in regellosen Wellen ändert, deren Länge 200^d bis 500^d beträgt, vielleicht unter Bevorzugung eines Wertes von etwa 400^d. Maxima 243 0450, 0800, 1280 und nach 1600. Über die Farbe des Veränderlichen konnte nichts ermittelt werden.

2159. 257.1943 Lyr β Lyrae-Stern; $13^m.2-13^m.7$.

$m_1 = 243\ 0103.536 + 0^d.8619936 \cdot E$.

$A_1 = 0^m.5 \quad A_1 = 0^m.1$.

Min.	E	$B-R$	Min.	E	$B-R$
243 0103.50	0	$-0^d.04$	243 1703.42	1856	$+0^d.02$
0104.43	1	+0.03	1934.42	2124	+0.01
0209.53	123	−0.03	2652.460	2957	+0.009
0254.40	175	+0.02	2683.499	2993	+0.016
0604.38	581	+0.03	2689.518	3000	+0.001
0784.54	790	+0.03	2690.378	3001	−0.001
0847.44	863	0.00	2714.505	3029	−0.010
0972.39	1008	−0.04	2764.504	3087	−0.006
1203.40	1276	−0.04	2765.380	3088	+0.008
1222.40	1298	0.00	2795.539	3123	−0.003
1328.42	1421	−0.01	2802.436	3131	−0.002
1584.45	1718	+0.01	2809.325	3139	−0.009

Die auf 3 Dezimalstellen gegebenen Epochen sind aus visuellen Beobachtungen abgeleitet.

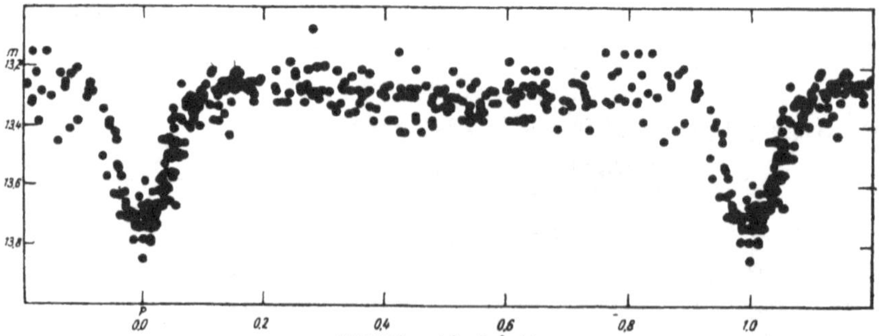

257 1943 Lyrae (visuelle Beob.)

2160. 258.1943 Lyr μ Cephei-Stern; $12^{m}9$—$13^{m}7$.
Der Stern zeigt lange flache Wellen, die durch lange Stillstände bei $13^{m}2$ unterbrochen werden. Keine Regelmäßigkeit; rötlich.

2161. S 4257 Lyr RR Lyrae-Stern; $13^{m}9$—$15^{m}2$.

$M = 242\ 6145.440 + 0^{d}4391978 \cdot E$.

$M - m = 0^{d}08$ Typus RRa.

Max.	E	$B-R$	Max.	E	$B-R$
242 6145.454	0	$+0^{d}014$	242 9762.637	8236	$-0^{d}036$
6444.554	681	+0.020	9906.324	8563	+0.033
6827.477	1553	−0.037	243 0088.531	8978	−0.027
6842.477	1587	+0.030	0431.590	9759	+0.019
6853.421	1612	−0.006	0442.541	9784	−0.010
7312.378	2657	−0.011	0938.409	10913	+0.003
7513.559	3115	+0.018	0941.478	10920	−0.002
7532.442	3158	+0.015	1146.599	11387	+0.014
9373.559	7350	+0.015			

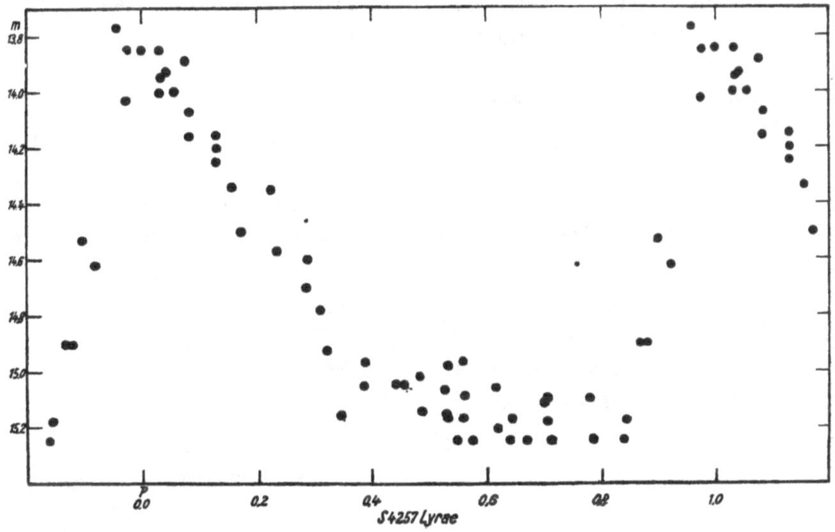

2162. S 4258 Lyr RR Lyrae-Stern; $13^{m}7$—$14^{m}9$.
Die Verteilung der Beobachtungen nach Helligkeit weist auf RRa-Lichtwechsel hin. Das Maximum ist wahrscheinlich sehr spitz, denn auf 64 Platten ist der randnahe Stern nur dreimal im größten Licht. Weitere Epochen sind zu unscharf, um zur Bestimmung der Periode dienen zu können.

2163. S 3801 Lyr Halbregelmäßig; $12^{m}5$—$13^{m}9$.

$M = 242\ 9770 + 363^{d} \cdot E$.

Max.	E	$B-R$	Max.	E	$B-R$
242 9750	0	-20^{d}	243 1225	4	+ 3
243 0115	1	−18	1570	5	−15
0540	2	+44	1960	6	+12
0900:	3	+41			

Die Lichtkurve ist sehr unregelmäßig; manchmal tritt rascher Wechsel auf, so bei 243 1320 ein Abfall um $0^m.5$ in 10^d. Der Stern ist rot und auf panchromatischer Filterplatte um $2^m.5$ heller, auf Blauplatten um $0^m.35$ schwächer als auf den normalen schwach orthochromatischen Platten.

2164. S 4259 Lyr β Lyrae-Stern; $13^m.8$—$14^m.4$.

Periode sehr wahrscheinlich zwischen $0^d.55$ und $0^d.58$. $A_1=0^m.6$, $A_2=0^m.3$. Wegen der Unschärfe der photographisch beobachteten Epochen war eine genaue Bestimmung nicht möglich.

2165. S 4260 Lyr RW Aurigae-Stern; $14^m.5$—$15^m.7$.

Die Lichtänderungen erfolgen teils in regellosen Wellen von 20^d bis 100^d Länge und stark wechselnder Amplitude, teils in Gestalt sehr rascher Schwankungen, wobei $0^m.7$ in 1^d sicher erreicht werden und an einer Stelle ein Abstieg von $0^m.7$ in $0^d.04$, bei einer allerdings unsicheren Beobachtung, angedeutet scheint. Stillstände sind nicht beobachtet. Der Stern scheint etwas blauer als die Vergleichsterne zu sein.

2166. S 4261 Lyr μ Cephei-Stern; $12^m.1$—$12^m.6$.

Lange Zeiten hindurch werden nur flache Wellen von höchstens $0^m.3$ Amplitude beobachtet. Andere Abschnitte weisen lebhafte Schwankungen mit Amplituden bis $0^m.6$ und regellosen Wellen zwischen 40^d und 80^d auf, wobei gelegentlich ziemlich rasche Änderungen angedeutet sind. Der Stern ist rötlich.

2167. S 4262 Lyr RR-Lyrae-Stern; $14^m.6$—$15^m.5$.

$M = 242\ 9374.537 + 0^d.412315 \cdot E$.

$M-m = 0^d.08$: Typus RRa.

Max.	E	$B-R$	Max.	E	$B-R$
242 9374.520	0	$-0^d.017$	243 0578.478	2920	$-0^d.019$
9878.376	1222	-0.010	0633.319	3053	-0.016
243 0077.581	1705	$+0.047$	0787.580	3427	$+0.039$
0103.504	1768	-0.006	0936.426	3788	$+0.040$
0209.534	2025	$+0.059$	0938.440	3793	-0.008
0254.406	2134	-0.011	0969.370	3868	-0.001
0496.443	2721	-0.003	0973.515	3878	$+0.020$
0517.464	2772	-0.010	0990.390	3919	-0.009

Wider Erwarten ergaben die Beobachtungen keine glatte Lichtkurve. Da indessen auch die Reihenaufnahmen keine andere Deutung des Lichtwechsels zulassen, müssen Unregelmäßigkeiten angenommen werden derart, daß manche Maxima verfrüht oder verspätet eintreten oder die Kurvengestalt stark wechselt. Andeutungen in dieser Richtung findet man auch innerhalb der Reihenbeobachtungen.

2168. S 4263 Lyr RR Lyrae-Stern; $14^m.8$—$16^m.0$.
$M = 242\ 9375.519 + 0^d.377620 \cdot E$.
$M - m = 0^d.05$: Typus RRa.

Max.	E	B–R	Max.	E	B–R
242 9375.534	0	$+0^d.015$	243 0847.447	3898	$-0^d.035$
9705.619	874	+0.060	1146.599	4690	+0.042
9747.437	985	−0.038	1555.547	5773	+0.028
243 0258.335	2338	−0.060			

Anscheinend ist die Periode nicht konstant; jedoch ist der Stern zu schwach für genauere Untersuchung. Die Bestimmung der Elemente beruht auf 22 Maxima, wovon nur die für die sichersten zu haltenden angeführt sind. Die Darstellung der anderen ist eher besser als schlechter. Auch die Durchrechnung der Phasenzeiten der Einzelbeobachtungen spricht für grundsätzliche Richtigkeit der Periode.

2169. 259.1943 Lyr Unregelmäßig; $13^m.1$—$13^m.9$.
Von 243 0070 bis 0650 ist der Lichtwechsel sehr unruhig, wobei unter sehr veränderlichen Amplituden eine Welle von 60^d vorherrscht. Die rascheste Änderung ist $0^m.8$ in 25^d. Nach einer längeren Welle bis 0820 folgt eine Zeit geringer, zeitweilig fast unmerklicher Schwankungen um $13^m.6$ bis 1300. Sodann folgt wieder ein Abschnitt stärkerer Unruhe mit Andeutung der 60^d-Welle und schließlich, nach einem Abfall von $0^m.4$ in 12^d bei 1915, ein erneuter Stillstand von wenigstens 200^d Dauer bei der Größe $12^m.6$. Der Stern erinnert damit sehr stark an den RWs-Typus, ohne jedoch die eine Zuordnung rechtfertigende Raschheit des Lichtwechsels aufzuweisen. Färbung schwach, wahrscheinlich leicht gelblich. Vielleicht UV Bootis-Art.

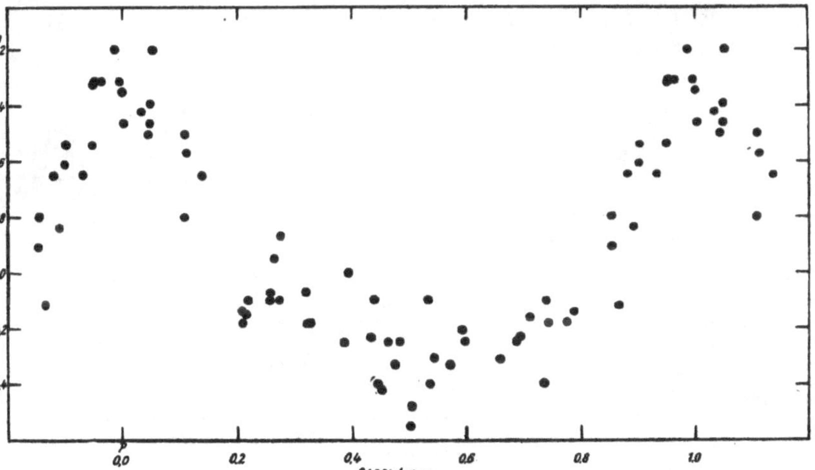

S 4264 Lyrae

2170. S 4264 Lyr RR Lyrae-Stern; $13^m.3$—$14^m.4$.
$M = 242\ 9672.663 + 0^d.545585 \cdot E$.
$M - m = 0^d.21$, Typus RRb.

Max.	E	B–R	Max.	E	B–R
242 9672.637	0	$-0^d.026$	242 9777.408	192	$-0^d.007$
9747.437	137	+0.029	243 0473.580	1468	−0.002

Max.	E	$B-R$	Max.	E	$B-R$
243 0843.468	2146	$-0^{d}020$	243 1144.624	2698	$-0^{d}027$
0991.342	2417	0.000	1231.426	2857	+0.027

2171. S 3802 Lyr RR Lyrae-Stern; $11^{m}0$—$11^{m}8$.
$M = 242\ 9374.435 + 0^{d}5771203 \cdot E$.
$M-m = 0^{d}07$, Typus RRa.

Max.	E	$B-R$	Max.	E	$B-R$
242 9374.520	0	$+0^{d}085$	243 2652.475	5680	$-0^{d}003$
9375.534	2	−0.055	2655.340	5685	−0.024
243 0209.531	1447	+0.003	2659.400	5692	−0.004
0386.676	1754	−0.028	2682.495	5732	+0.006
0430.615	1830	+0.050	2686.523	5739	−0.005
0497.508	1946	−0.003	2689.412	5744	−0.002
0549.425	2036	−0.027	2690.563	5746	−0.005
0590.423	2107	−0.004	2708.465	5777	+0.006
0793.620	2459	+0.046	2712.492	5784	−0.007
0848.419	2554	+0.019	2716.532	5791	−0.007
0852.464	2561	+0.024	2760.385	5867	−0.015
1001.332	2819	−0.005	2764.438	5874	−0.002
1204.474	3171	−0.009	2775.415	5893	+0.010
1222.398	3202	+0.024	2779.445	5900	0.000
1589.422	3838	−0.001	2780.602	5902	+0.003
2615.547	5616	+0.004	2794.456	5926	+0.006
2638.643	5656	+0.016	2795.602	5928	−0.002
2641.527	5661	+0.014	2797.350	5931	+0.015
2648.445	5673	+0.007			

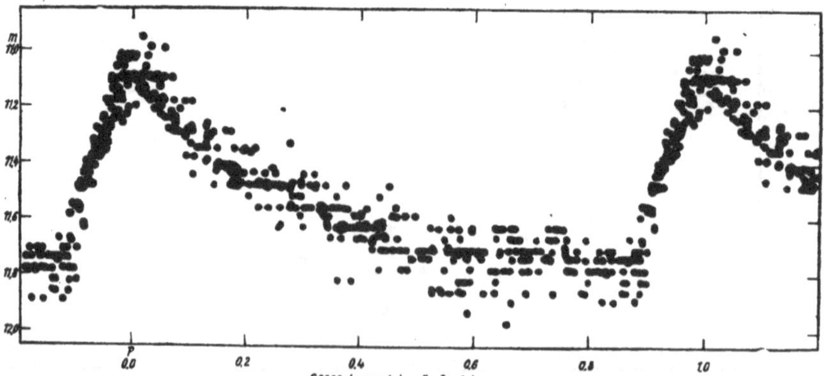

S 3802 Lyrae (visuelle Beob.)

Von E 5616 ab sind die Maxima visuell beobachtet. Die Lichtkurve zeigt einige Unregelmäßigkeiten. Die verschiedene Höhe der Maxima dürfte zum Teil reell sein, doch ließ die dichte visuelle Reihe keinen periodischen Verlauf der Abweichungen erkennen. Die Streuung im kleinsten Licht ist sicher reell. Wiederholt wurden hier sprunghafte Änderungen um Beträge bis zu $0^{m}2$ beobachtet. Die Verhältnisse liegen demnach hier ebenso, wie ich es früher bei TW Herculis und V Leonis minoris mittels photographischer Beobachtungen aufgezeigt habe (AN 230 Tafel 3); auch die damals bemerkte strengere Zusammenfassung der Einzelkurven kurz vor und während des Aufstiegs wird bestätigt. Offenbar liegt hier ein anderer Typus von Unregelmäßigkeiten bei RR Lyrae-Sternen vor wie der von Balacz und Detre behandelte Fall periodischer Variationen der Lichtkurven (Mitteil. Sternwarte Budapest Nr. 5, 8, 17, 18).

2172. S 4265 Lyr β Lyrae-Stern; $13^m_.2$—$13^m_.8$.

$m_1 = 243\,0258.329 + 0^d_.4728063 \cdot E.$

$A_1 = 0^m_.6$, $A_2 = 0^m_.1$.

Min.	E	$B-R$	Min.	E	$B-R$
243 0258.335	0	$+0^d_.006$	243 2689.504	5142	$+0^d_.005$
0464.452	436	−0.021	2690.445	5144	0.000
0613.362	751	−0.045	2691.379	5146	−0.011
0784.542	1113	−0.020	2699.430	5163	+0.002
0792.607	1130	+0.007	2716.459	5199	+0.010
0847.447	1246	+0.001	2717.402	5201	+0.007
1326.403	2259	+0.005	2760.420	5292	0.000
1353.349	2316	+0.001	2767.517	5307	+0.005
1655.500	2955	+0.028	2778.387	5330	0.000
1934.419	3545	−0.008	2793.514	5362	−0.002
2682.405	5127	−0.002	2794:459	5364	−0.003
2683.362	5129	+0.009	2795.408	5366	0.000
2688.558	5140	+0.005			

254 visuelle Beobachtungen sind benutzt.

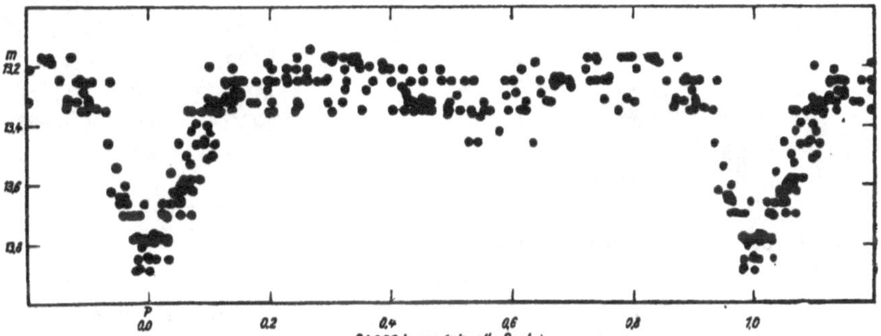

S 4265 Lyrae (visuelle Beob.)

2173. S 4266 Lyr Algol-Stern; $14^m_.7$—$16^m_.8$.

Die Periode konnte nicht ermittelt werden. Folgende sind die 7 besten Minima:

242 9672.64	243 0582.49
9750.41	0791.58
243 0209.54	1328.42
0377.68	

Die gut passende Periode $4^d_.09864$ führt zu Widersprüchen mit Beobachtungen, die den Stern hell zeigen.

2174. S 4267 Lyr RW Aurigae-Stern; $14^{m}6$—$16^{m}0$.

Der Stern gehört zu denjenigen, deren Bearbeitung durch das Fehlen der Reihenplatten sehr erschwert ist. Die Entscheidung zwischen RR Lyrae-Art und RW Aurigae-Art wurde nach eingehender Prüfung der Einzelbeobachtungen getroffen, wobei sich gezeigt hat, daß die Darstellung durch eine Periode grundsätzlich unmöglich ist. Beispielsweise ist der Stern zwischen $1^{d}95$ und $2^{d}03$ nach einem Maximum mehrfach hell, dagegen $3^{d}92$ nach einem Maximum schwach beobachtet. An ähnlichen Widersprüchen scheiterten alle Versuche, eine Periode aufzufinden. Offenbar besteht die Tendenz, ein zwischen $15^{m}8$ und $16^{m}0$ liegendes Ruhelicht einzuhalten, von dem aus steile Aufstiege um die ganze Amplitude in höchstens 1^{d} stattfinden. Zeitweilig ist auch ein Flackern um eine mittlere Helligkeit mit kleinerer Amplitude erkennbar. Ruhezeiten sind möglich, aber nicht verbürgt.

2175. 260.1943 Lyr Mira-Stern; $13^{m}6$—[$17^{m}0$.

$M = 242\,9658 + 281^{d}9 \cdot E.$

Max.	E	$B-R$	Max.	E	$B-R$
242 9660	0	$+2^{d}$	243 0792	4	$+6^{d}$
9945	1	+5	1347	6	−2
243 0215	2	−7	1635	7	+4
0497	3	−7	1910	8	−3

2176. 261.1943 Lyr Mira-Stern; $12^{m}5$—$17^{m}0$.

$M = 242\,9705 + 198^{d}7 \cdot E.$

$M - m = 95^{d}$:

Max.	E	$B-R$	Max.	E	$B-R$
242 9708	0	$+3^{d}$	243 0900	6	$+3^{d}$
9905	1	+1	1298	8	+3
243 0100	2	−2	1485	9	−8
0302	3	+1	1690	10	−2
0493	4	−7	2092	12	+3

Form der Kurve β 2.

2177. 262.1943 Lyr Unregelmäßig; $11^{m}8$—$12^{m}9$.

Seltener flache Wellen um $12^{m}5$, häufiger ziemlich rasche und völlig regellose Schwankungen mit Wellen von 60^{d} bis 100^{d} kennzeichnen den Lichtwechsel, der stellenweise schwach an RWs-Art erinnert. Farbzahl $+0^{m}3$.

2178. 263.1943 Lyr Langperiodisch; $13^{m}0$—$15^{m}0$.

$M = 242\,9716 + 297^{d}6 \cdot E.$

$M - m = 85^{d}$ bis 125^{d}.

Lichtkurve veränderlich.

Max.	E	$B-R$	Max.	E	$B-R$
242 9728	0	$+12^{d}$	243 0905	4	− 1
243 0026	1	+12	1197	5	− 7
0297	2	−14	1500	6	− 2
0595	3	−14	2100	8	+ 3

2179. S 3803 Lyr Algol-Stern; $13^{m}1$—$14^{m}2$.

$m = 243\,0104.44 + 0^{d}798511 \cdot E$.

$D = 4^{h}3,\ d = 0^{h}0,\ A_1 = 1^{m}1,\ A_2 = 0^{m}2$.

Min.	E	B—R	Min.	E	B—R
243 0104.43	0	$-0^{d}01$	243 1313.39	1514	$0^{d}00$
0128.39	30	−0.01	1345.34	1554	+0.01
0813.54	888	+0.02	1450.69	1686	−0.04
0873.44	963	+0.03	2110.34	2512	+0.04
0972.39	1087	−0.03			

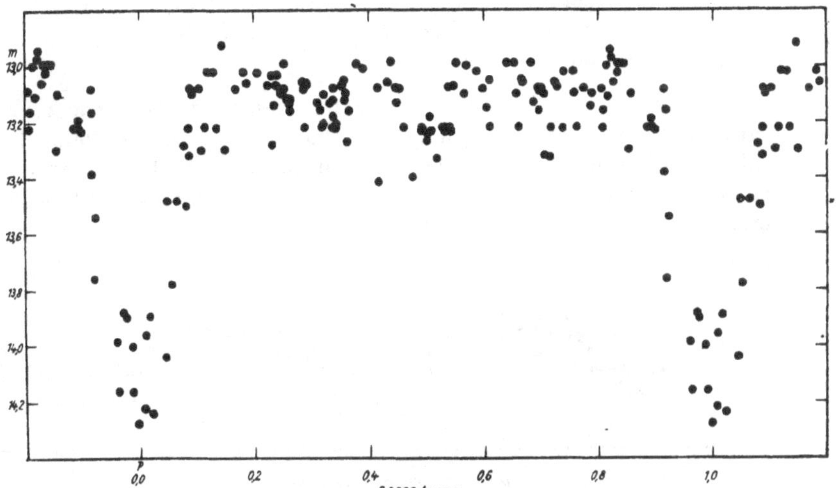

S 3803 Lyrae

2180. S 3804 Lyr Mira-Stern; $11^{m}5$—$[16^{m}8$.

$M = 242\,9827 + 282^{d} \cdot E$.

Max.	Gr.	E	B—R
242 9827:	—	0	0^{d}
243 0109	$12^{m}5$	1	0
0402	13.1	2	+11
0670:	—	3	− 3
0957	11.5	4	+ 2
1225	12.3	5	−12
1522	12.8	6	+ 3
2090	11.6	8	+ 7

2181. S 4268 Lyr W Ursae maioris-Stern; $13^{m}8$—$14^{m}1$.

$m_1 = 242\,9670.68 + 0^{d}6531646 \cdot E$.

$A_1 = A_2 = 0^{m}3$.

Min.	2E	B—R	Min.	2E	B—R
242 9670.65	0	$-0^{d}03$	242 9777.41	327	$-0^{d}06$
9672.64	6	0.00	9878.38	636	−0.01
9705.62	107	0.00	9965.25	902	−0.01

Min.	2 *E*	*B–R*	Min.	2 *E*	*B–R*
243 0163.47	1509	–0.02	243 2828.39	9669	$-0\overset{d}{.}01$
0430.62	2327	–0.02	2830.36	9675	0.00
0843.47	3591	+0.03	2831.35	9678	+0.01
0847.45	3603	+0.09	2832.30	9681	–0.02
1144.62	4513	+0.07	2834.27	9687	–0.01
1231.43	4779	+0.01	2865.30	9782	–0.01
1589.42	5875	+0.07	2881.27	9831	–0.04
2805.53	9599	–0.01	2884.25	9840	0.00
2806.52	9602	0.00	2885.24	9843	+0.01
2826.44	9663	0.00	2887.21	9849	+0.02
2827.41	9666	–0.01			

Von 2 E=9599 ab sind visuelle Beobachtungen verwertet. Die Lichtkurve deutet auf eine leichte Asymmetrie von m_2, die Zeichenfolge der Darstellung auf eine Drehung der Apsidenlinie hin, doch ist der Stern zu schwierig für eine genauere Untersuchung, mindestens für die hier zur Verfügung stehenden instrumentellen Hilfsmittel.

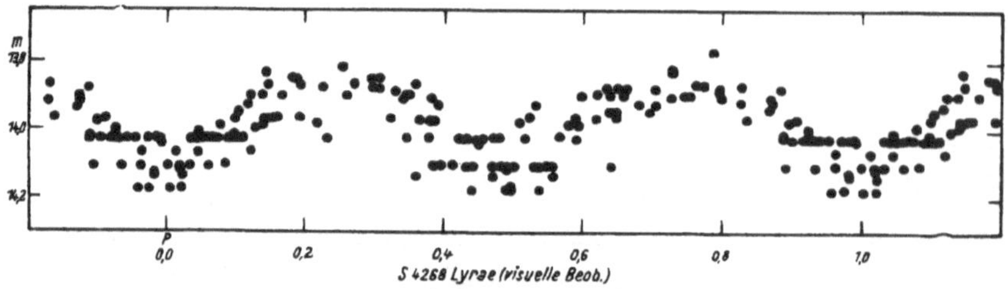

S 4268 Lyrae (visuelle Beob.)

2182. S 4269 Lyr Algol-Stern; $14\overset{m}{.}4$—$16\overset{m}{.}0$.
m=243 0147.48+$2\overset{d}{.}26235 \cdot E$.
D=$5\overset{h}{.}5$, d unbestimmt.

Min.	*E*	*B–R*	Min.	*E*	*B–R*
243 0147.44	0	$-0\overset{d}{.}04$	243 1328.42	522	$-0\overset{d}{.}01$
0258.34	49	0.00	1353.35	533	+0.04
0794.54	286	+0.03	1613.48	648	0.00
0991.34	373	0.00	1907.56	778	–0.03

2183. S 4270 Lyr RR Lyrae-Stern; $13\overset{m}{.}7$—$14\overset{m}{.}6$.
M=242 9752.378+$0\overset{d}{.}634963 \cdot E$.
$M-m$=$0\overset{d}{.}10$, Typus RRa.

Max.	*E*	*B–R*	Max.	*E*	*B–R*
242 9752.378	0	$0\overset{d}{.}000$	243 0486.409	1156	$+0\overset{d}{.}014$
243 0103.504	553	–0.009	0531.490	1227	+0.012
0131.436	597	–0.015	0578.478	1301	+0.013
0381.673	991	+0.047	0613.361	1356	–0.027
0386.676	999	–0.030	1503.618	2758	+0.012
0442.541	1087	–0.042	1587.454	2890	+0.033

Max.	E	B−R	Max.	E	B−R
243 1613.483	2931	+0ᵈ.028	243 2822.416	4835	−0ᵈ.008
1674.404	3027	−0.007	2827.485	4843	−0.019
2027.456	3583	+0.006	2831.312	4849	−0.002
2090.345	3682	+0.033	2834.475	4854	−0.013
2778.595	4766	−0.017	2850.366	4879	+0.004
2794.482	4791	−0.004	2885.298	4934	+0.013
2806.567	4810	+0.017			

Die letzten 9 Maxima sind visuell beobachtet, die Lichtkurve ist aus 232 visuellen Beobachtungen bestimmt. Der schwache Stern ist schwierig für den 200 mm-Refraktor.

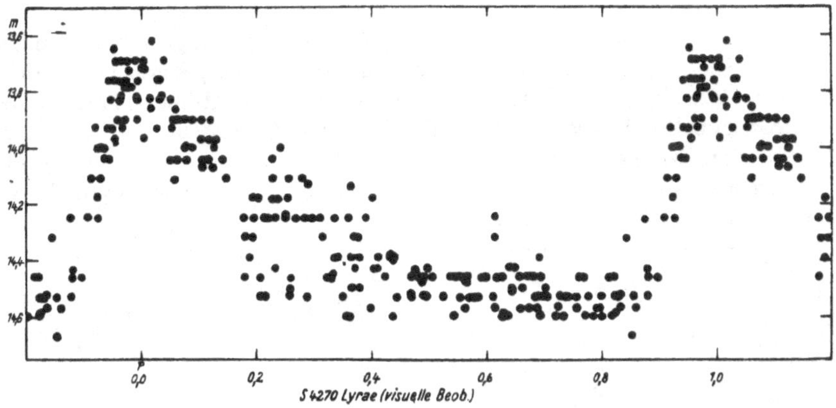

S 4270 Lyrae (visuelle Beob.)

2184. 207.1935 Lyr Mira-Stern; $11^m.7 - 16^m.5$.

$M = 242\,9724 + 215^d.1 \cdot E$.

$M - m = 100^d$:

Max.	E	B−R	Max.	E	B−R
242 5407	−20	-15^d	243 0802	5	$+ 2^d$
5630:	−19	− 7	1023	6	+ 8
9724	0	0	1225	7	− 5
9940	1	+ 1	1440	8	− 5
243 0163	2	+ 9	1665	9	+ 5
0366	3	− 3	1875	10	0
0580	4	− 4	2090	11	0

Die beiden zurückliegenden Maxima verlangen eine um etwa $0^d.5$ längere Periode. Die Größe $11^m.7$ ist nur bei dem Maximum 242 5407 beobachtet. Die Helligkeiten aller späteren Maxima liegen zwischen $12^m.0$ und $12^m.7$. Lichtkurve β_2.

2185. S. 4271 Lyr S Vulpeculae-Stern; $13^m_{\cdot}5$—$14^m_{\cdot}5$.

$M = 242\,9033 + 84^d_{\cdot}67 \cdot E.$

Max.	E	B—R	Max.	E	B—R
242 9050	0	+17^d	243 0468	17	— 4^d
9120	1	+ 2	1145	25	— 5
9383	4	+11	1233	26	— 1
9457	5	+ 1	1305	27	—14
9538	6	— 3	1468	29	—20
9705	8	— 5	1575	30	+ 2
9878	10	— 2	1675	31	+17
243 0130	13	— 4	1912	34	0
0220	14	+ 2	2000	35	+ 4
0313	15	+10	2080	36	— 1
0380	16	— 8			

Die Darstellung zeigt die bei solchen Sternen nicht ungewöhnlichen Unregelmäßigkeiten, die auch mit Schwankungen der Amplitude verbunden sind. Eine Störung trat bei 243 0500 ein, indem durch Abflachung der Kurve bis fast zum Stillstand bei $14^m_{\cdot}0$ die Maxima $E = 18$ und 19 ausfielen. Die Lichtänderungen setzen sodann mit kleinerer Amplitude wieder ein und erreichen bei $E = 23$ den normalen Umfang ohne Phasenverschiebung. Der Stern ist gelb oder rötlich.

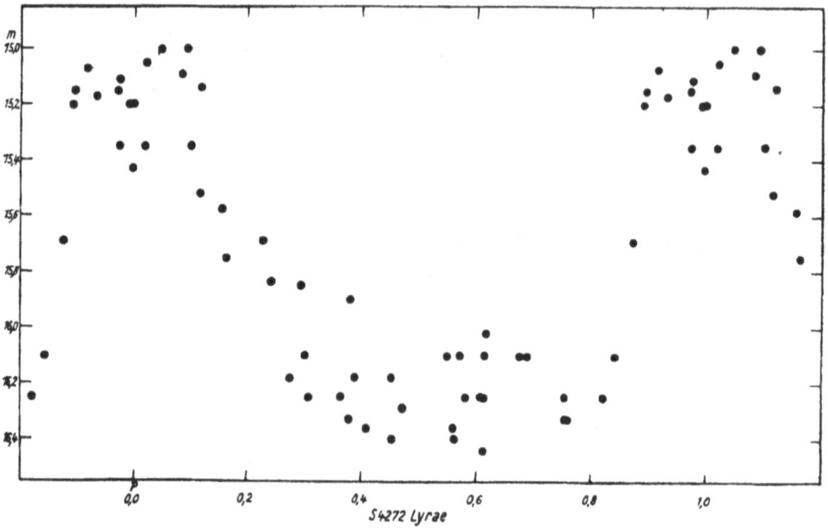

2186. S 4272 Lyr δ Cephei-Stern; $15^m_{\cdot}1$—$16^m_{\cdot}3$.

$M = 243\,0026.31 + 7^d_{\cdot}63038 \cdot E.$

$M - m = 1^d_{\cdot}9.$

Max.	E	B—R	Max.	E	B—R
243 0025.66	0	$-0^d_{\cdot}65$	243 0163.47	18	$-0^d_{\cdot}19$
0103.50	10	+0.89	0170.48	19	—0.81

Max.	E	$B-R$	Max.	E	$B-R$
243 0377.68	46	$+0\overset{d}{.}37$	243 0843.47	107	$+0\overset{d}{.}71$
0430.66	53	−0.06	0873.44	111	+0.16
0514.44	64	−0.21	1200.55	154	−0.84
0613.36	77	−0.49	1346.35	173	−0.02
0820.51	104	+0.64	1613.48	208	+0.05

Der Stern ist insofern merkwürdig, als der Modul von $17\overset{m}{.}6$ zu einer Entfernung von 33 000 parsec führen würde. Verdunkelung der Gegend ist nicht erkennbar. Ebensowenig sind Anzeichen dafür da, daß eine Scheinperiode gefunden sein könnte. Eine Möglichkeit der Erklärung wäre, daß ein Fall von δ Cephei-ähnlichem Lichtwechsel, also eine Variante des RW Aurigae-Typus vorläge. Dann würde es sich um einen Zwergstern handeln. Einer genaueren Untersuchung steht die Lichtschwäche des Sterns entgegen.

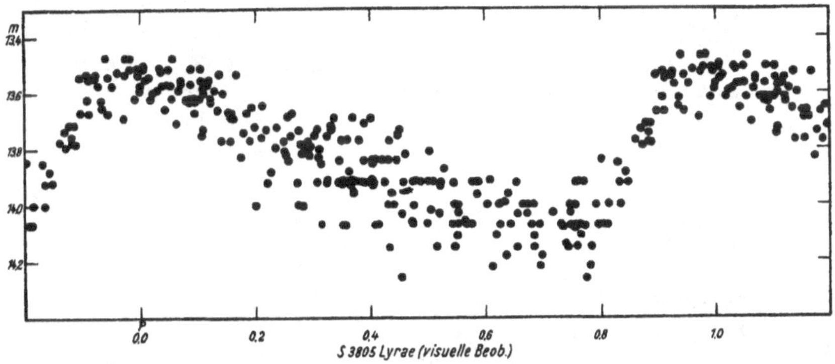

S 3805 Lyrae (visuelle Beob.)

2187. S 3805 Lyr RR Lyrae-Stern; $13\overset{m}{.}5$—$14\overset{m}{.}1$.

$M = 242\ 9672.585 + 0\overset{d}{.}601483 \cdot E$.

$M - m = 0\overset{d}{.}15$ Typus RRb.

Max.	E	$B-R$	Max.	E	$B-R$
242 9672.64	0	$+0\overset{d}{.}06$	243 1224.42	2580	$+0\overset{d}{.}01$
9705.63	55	−0.04	1313.39	2728	−0.04
243 0025.66	587	0.00	1328.42	2753	−0.05
0104.43	718	−0.02	1345.34	2781	+0.03
0375.67	1169	−0.05	1651.47	3290	+0.01
0381.68	1179	−0.05	1701.37	3373	−0.02
0431.59	1262	−0.07	1912.54	3724	+0.03
0442.54	1280	+0.06	2652.380	4954	+0.048
0457.50	1305	−0.02	2659.565	4966	+0.015
0463.57	1315	+0.04	2667.375	4979	+0.006
0498.40	1373	−0.02	2673.420	4989	+0.036
0531.49	1428	−0.01	2682.405	5004	−0.001
0792.61	1862	+0.06	2683.620	5006	+0.011
0868.44	1988	+0.11	2688.385	5014	−0.036
0972.39	2161	0.00	2689.630	5016	+0.006
1203.40	2545	+0.04	2703.425	5039	−0.033

Max.	*E*	*B—R*	Max.	*E*	*B—R*
243 2709.445	5049	$-0^{d}.028$	243 2795.525	5192	$+0^{d}.040$
2762.400	5137	−0.003	2803.300	5205	−0.004
2765.390	5142	−0.021	2804.500	5207	−0.007
2778.630	5164	−0.013	2806.330	5210	+0.019
2780.420	5167	−0.028			

Die auf 3 Dezimalstellen gegebenen Epochen beruhen auf visuellen Beobachtungen.

2188. S 4273 Lyr RR Lyrae-Stern; $12^{m}.8$—$13^{m}.9$.
$M = 242\ 9878.420 + 0^{d}.500182 \cdot E$.
$M-m = 0^{d}.07$—$0^{d}.10$ Typus RRa.
Lichtkurve veränderlich.

Max.	*E*	*B—R*	Max.	*E*	*B—R*
242 9878.376	0	$-0^{d}.044$	243 2775.480	5792	$+0^{d}.006$
243 0103.504	450	+0.002	2779.487	5800	+0.011
0170.480	584	−0.046	2791.475	5824	−0.005
0409.668	1062	+0.055	2793.489	5828	+0.008
0430.615	1104	−0.006	2794.488	5830	+0.007
0443.599	1130	−0.027	2795.486	5832	+0.005
1224.421	2691	+0.011	2797.485	5836	+0.003
1231.426	2705	+0.014	2802.497	5846	+0.013
1503.618	3249	+0.107	2803.507	5848	+0.023
2717.435	5676	−0.018	2804.501	5850	+0.016
2759.455	5760	−0.013	2805.500	5852	+0.015
2760.452	5762	−0.017	2806.484	5854	−0.001
2761.453	5764	−0.016	2822.500	5886	+0.009
2762.460	5766	−0.009	2823.494	5888	+0.002
2763.453	5768	−0.017	2827.505	5896	+0.012
2764.454	5770	−0.016	2830.509	5902	+0.015
2765.462	5772	−0.009	2834.516	5910	+0.020

Wegen eines engen Nachbarsterns $12^{m}.9$ ist der Veränderliche schwierig zu beobachten. Die von 243 2713 bis 2917 reichenden 327 visuellen Beobachtungen zeigen die Veränderlichkeit der Lichtkurve, und zwar ist dieser Stern offenbar ein Vertreter der zuerst von Detre und Balacz genauer untersuchten Gruppe mit periodischer Veränderung der Kurvenform und Amplitude. Die beiden Abbildungen veranschaulichen die extremen Formen. Folgender Befund wurde im einzelnen erhalten:

243 2713—17	Wenige Beobacht., keine Entscheidung möglich.
2759—64	Steile spitze Maxima.
2765—67	Übergang zur flacheren Form.
2775—79	Aufstiege ziemlich flach.
2791—95	Mittlere Form.
2802—06	Maximum sehr flach.
2822—34	Aufstiege anfangs steil, dann flacher.

Man kann daraus auf eine Periode der Kurvenänderung von etwa 30^d schließen. Es hat den Anschein, daß die spitzen Maxima etwas verfrüht, die stumpfen etwas verspätet eintreten, doch darf auf solche Einzelheiten in Anbetracht der Schwierigkeit der Beobachtungen nicht viel Wert gelegt werden.

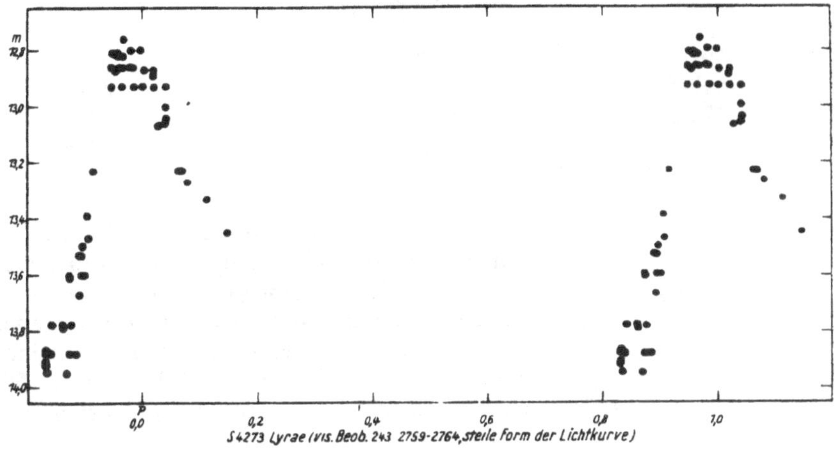

S 4273 Lyrae (vis. Beob. 243 2759-2764, steile Form der Lichtkurve)

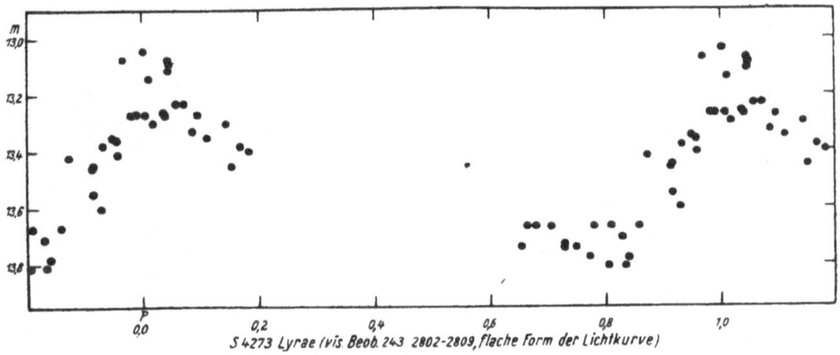

S 4273 Lyrae (vis. Beob. 243 2802-2809, flache Form der Lichtkurve)

2189. **S 3806 Lyr** Halbregelmäßig; $10^m.3$—$11^m.3$.

Während der ganzen Beobachtungszeit läßt sich eine Welle nachweisen entsprechend der Formel

$$M = 242\,9375 + 146^d \cdot E.$$

Die Amplituden übersteigen im Einzelfalle selten $0^m.6$. Möglicherweise ist dem Lichtwechsel eine lange Schwingung mit einer Periode von etwa 1300^d überlagert, deren Maxima bei 243 0200 und 1500 beobachtet sind. Die Kurve ist indessen sehr unregelmäßig, zeigt manchmal ziemlich steile An- und Abstiege, andererseits Abflachungen mit nur noch schwacher Andeutung der Maxima und Minima. Der Stern ist rötlich.

2190. S 3807 Lyr RR Lyrae-Stern; $13^{m}.1$—$14^{m}.4$.

$M = 243\,0209.492 + 0^{d}.3957714 \cdot E$.

$M - m = 0^{d}.07$ Typus RRa.

Max.	E	$B-R$	Max.	E	$B-R$
243 0209.534	0	$+0^{d}.042$	243 0965.355	1910	$-0^{d}.060$
0463.574	642	−0.003	1200.552	2504	+0.048
0498.397	730	−0.008	1204.474	2514	+0.013
0547.474	854	−0.007	1450.687	3136	+0.056
0549.425	859	−0.035	1555.547	3401	+0.036
0784.582	1453	+0.034	1912.543	4303	+0.047
0843.468	1602	−0.050	2087.411	4745	−0.016
0847.447	1612	−0.028	2110.338	4803	−0.044
0868.444	1665	−0.007			

Periode und Lichtkurve sind offenbar veränderlich. Die Darstellung der Maxima ließe sich erheblich verbessern entweder durch Einführung eines Sinusglieds, dessen Periode 4070 Lichtwechselperioden wäre, oder durch Anwendung instantaner Elemente unter Aufteilung in 3 Abschnitte mit den Trennungsstellen bei $E = 1800$ und 3600. Hinsichtlich der Lichtkurve ist besonders auffällig, daß zwischen 242 9373 und 243 0461 keine hohen Maxima beobachtet sind. Die aus den Beobachtungen dieses Abschnittes allein berechnete Kurve gleicht eher der eines RRc- als eines RRa-Sternes, wie auch aus der starken Streuung in der bildlichen Darstellung zu ersehen ist.

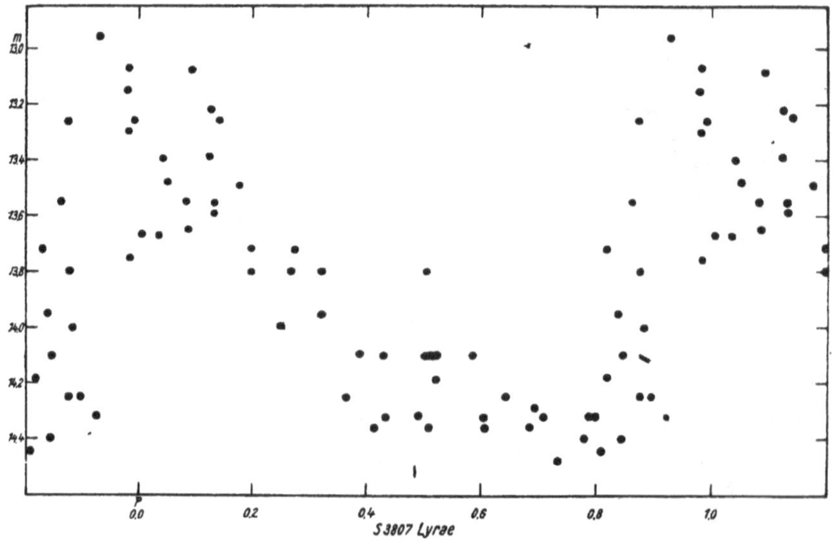

2191. S 4274 Lyr RW Aurigae-ähnlich; $14^{m}.6$—$15^{m}.2$.

Es handelt sich hier um einen jener schwachen Sterne, deren geringer Lichtwechsel schwierig zu deuten ist. Rasche Änderungsn im Betrage von $0^{m}.4$ je Tag sind sicher festgestellt, längere Stillstände fehlen. Folgende Verteilung der Beobachtungen nach Sterngröße ist beobachtet:

Größe	400 mm-Astrograph Anzahl	170 mm-Astrograph Anzahl
14^m50 bis 14^m59	3	0
14.60 ,, 14.69	3	2
14.70 ,, 14.79	16	12
14.80 ,, 14.89	15	23
14.90 ,, 14.99	10	21
15.00 ,, 15.09	10	19
15.10 ,, 15.19	6	9
15.20 ,, 15.29	0	1

Diese Verteilung ist weder mit δ Cephei- und RR Lyrae- noch mit Bedeckungslichtwechsel irgendwelcher Art zu vereinbaren. Vielmehr scheinen von einer mittleren Größe aus unregelmäßige Erhellungen und Schwächungen auszugehen, wobei die letzteren häufiger sind als die ersteren. Der Stern ist ein wenig blauer als die Vergleichsterne.

2192. 264.1943 Lyr β Lyrae-Stern; 14^m7—15^m4.
$m_1 = 242\ 9752.38 + 0^d581550 \cdot E.$
$A_1 = 0^m7 \quad A_2 = 0^m15.$

Min.	E	$B-R$	Min.	E	$B-R$
242 9752.38	0	0^d00	243 0234.47	829	-0^d01
9777.41	43	+0.02	0258.34	870	+0.01
9965.25	366	+0.02	0791.58	1787	−0.03
243 0088.54	578	+0.02	0794.54	1792	+0.02
0102.48	602	+0.01	0847.44	1883	0,00
0227.48	817	−0.03	1917.49	3723	0.00

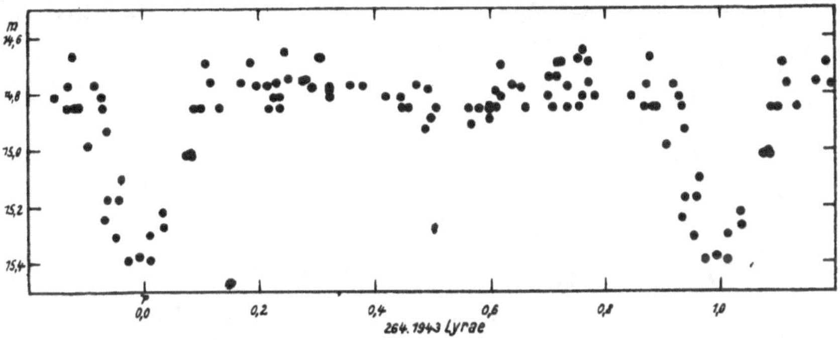

2193. S 4275 Lyr RR Lyrae-Stern; 14^m2—15^m0.
$M = 242\ 9670.699 + 0^d5702016 \cdot E.$
$M - m = 0^d11$ Typus RRa.

Max.	E	$B-R$	Max.	E	$B-R$
242 9670.654	0	-0^d045	243 0409.668	1296	-0^d012
243 0103.504	759	+0.022	0440.481	1350	+0.010
0131.436	808	+0.014	0464.451	1392	+0.031

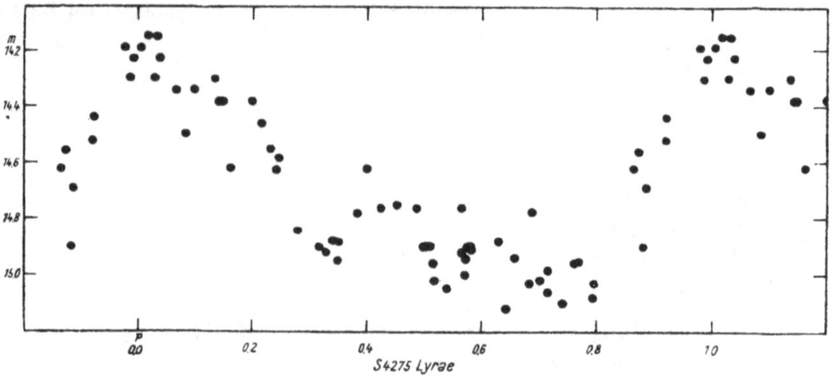

S 4275 Lyrae

Max.	E	B—R	Max.	E	B—R
243 0473.580	1408	+0ᵈ.037	243 1469.677	3155	—0ᵈ.008
0497.508	1450	+0.017	1589.422	3365	—0.005
0517.461	1485	+0.013	1646.460	3465	+0.012
0578.478	1592	+0.018	1702.368	3563	+0.041
0939.455	2225	+0.057	1934.419	3970	+0.020
0991.342	2316	+0.056	2775.450	5445	+0.003
1200.553	2683	+0.003	2779.443	5452	+0.005
1353.349	2951	—0.015	2780.574	5454	—0.005

Die letzten 3 Maxima sind visuell beobachtet.

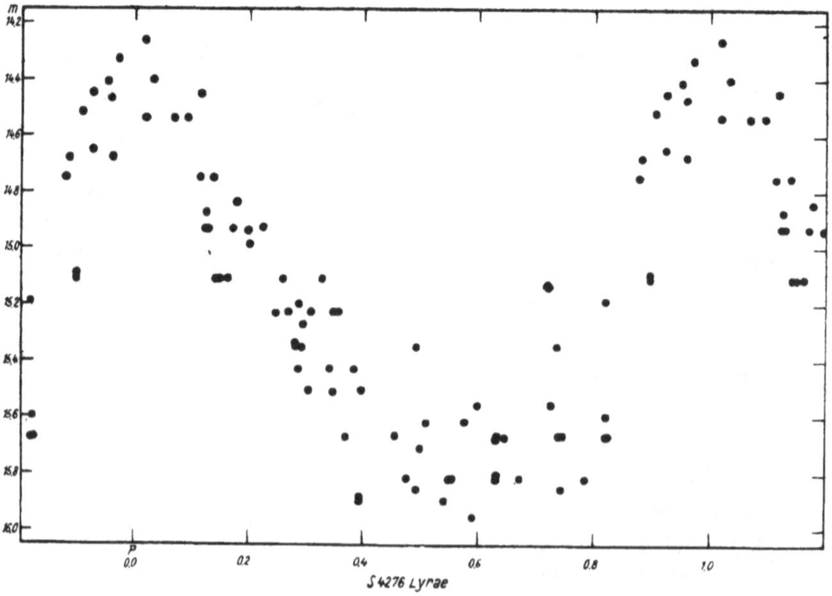

S 4276 Lyrae

2194. S 4276 Lyr RR Lyrae-Stern; $14^m.4$—$15^m.8$.

M=243 0088.530+$0^d.488872 \cdot E$.

$M-m$=$0^d.13$ Typus RRa.

Max.	E	$B-R$	Max.	E	$B-R$
243 0088.539	0	+$0^d.009$	243 0813.536	1483	+$0^d.009$
0114.426	53	−0.014	1584.454	3060	−0.024
0440.481	720	−0.037	1589.422	3070	+0.055
0464.452	769	−0.021	1651.470	3197	+0.016
0531.493	906	+0.045	1674.406	3244	−0.025
0791.584	1438	+0.056	1912.542	3731	+0.031

Stellenweise ist eine Abflachung der Kurve angedeutet, wodurch die Streuung etwas vergrößert wird. Ein enger südlicher Begleiter $15^m.5$ stört die Beobachtung im Minimum.

2195. S 4277 Lyr RV Tauri-ähnlich; $14^m.9$—$16^m.1$.

m=242 9800+$260^d \cdot E$.

Die Periode ist über die ganze Beobachtungsreihe wirksam. Die Minima werden gut eingehalten; die Maxima sind sehr wechselnd in der Form. Es kommen Sinuskurven und Doppelwellen vor. Von 243 1600 ab ist die Amplitude auf $0^m.5$ vermindert. Der Stern ist nicht stark gefärbt.

2196. S 4278 Lyr RR Lyrae-Stern; $10^m.6$—$11^m.2$.

M=242 9752.408+$0^d.4409063 \cdot E$.

$M-m$=$0^d.06$ Typus RRa.

Max.	E	$B-R$	Max.	E	$B-R$
242 9752.378	0	−$0^d.030$	243 1707.355	4434	−$0^d.032$
9906.325	349	+0.041	2683.553	6648	0.000
243 0102.477	794	−0.011	2687.534	6657	+0.013
0114.426	821	+0.034	2688.397	6659	−0.006
0147.434	896	−0.026	2710.436	6709	−0.012
0313.249	1272	+0.008	2713.533	6716	−0.002
0377.676	1418	+0.063	2759.398	6820	+0.009
0461.437	1608	+0.052	2762.463	6827	−0.012
0498.397	1692	−0.024	2780.557	6868	+0.005
0531.493	1767	+0.004	2822.440	6963	+0.001
0583.515	1885	−0.001	2826.412	6972	+0.005
0633.319	1998	−0.020	2827.290	6974	+0.001
0852.464	2495	−0.005	2830.376	6981	+0.001
0938.419	2690	−0.027	2833.460	6988	−0.001
0965.355	2751	+0.014	2834.340	6990	−0.003
1203.399	3291	−0.032	2882.396	7099	−0.006
1222.398	3334	+0.008	2883.281	7101	−0.003
1262.485	3425	−0.027	2886.353	7108	−0.017
1353.349	3631	+0.010	2906.238	7153	+0.027
1587.456	4162	−0.004	2913.250	7169	−0.015
1613.486	4221	+0.013	2917.684	7179	+0.010
1703.427	4425	+0.009			

Aus der Zeit 243 2682 bis 2917 standen 469 visuelle Beobachtungen zur Verfügung. — Der Veränderliche bildet ein kleines Dreieck mit den Sternen BD +40°3410 ($9^m.3$) und +40°3411 ($6^m.6$); letzterer erschwert die Beobachtung erheblich. Die Vergleichsterne sind ungünstig. Die zwei benutzten Sterne haben einen Größenunterschied von $1^m.6$. Die Streuung der Beobachtungen beruht in erster Linie auf diesen Umständen.

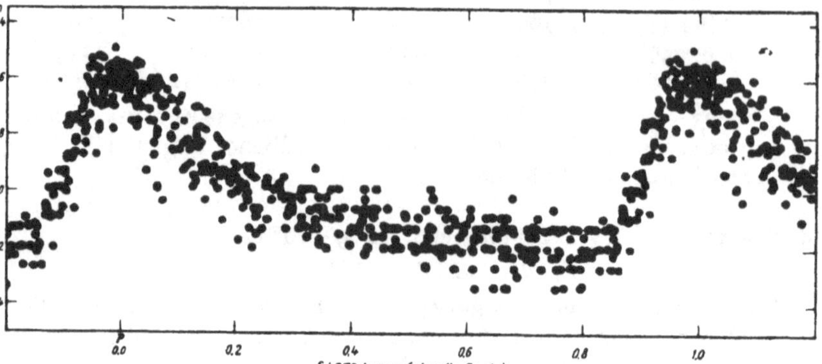

S 4278 Lyrae (visuelle Beob.)

2197. 265.1943 Lyr Mira-Stern; $13^m.6$—$17^m.0$.

$M = 242\,9417 + 149^d.6 \cdot E.$

$M - m = 70^d.$

Max.	E	$B-R$	Max.	E	$B-R$
242 5396	−27	+18^d	243 0605	8	− 9^d
5710	−25	+33	0770	9	+ 7
9412:	0	− 5	0925	10	+12
9715	2	− 1	1217	12	+ 5
9875	3	+ 9	1365	13	+ 3
243 0016	4	+ 1	1512	14	+ 1
0158	5	− 7	1672	15	+11
0306	6	− 9	1950	17	−10
0462	7	− 2	2105	18	− 5

Die beiden ersten Maxima sind auf Platten des 140 mm-Triplets bestimmt. Ihre Darstellung würde eine Verkürzung der Periode um 1^d verlangen, was mit den späteren Beobachtungen nicht vereinbar ist. Auch die Zeichenfolgen deuten auf Veränderlichkeit der Periode hin. Kurvenform β_2.

2198. 266.1943 Lyr μ Cephei-Stern; $13^m.3$—$14^m.3$.

Der Lichtwechsel wird von langen, flachen Wellen beherrscht; eine Periode von etwa 450^d ist angedeutet. Die Amplitude der Einzelwellen liegt meist bei $0^m.7$.

2199. S 3808 Lyr U Geminorum-Stern; $12^{\mathrm{m}}8$—$17^{\mathrm{m}}1$.

Beobachtet sind 7 Erhellungen, die erste auf Platten des 140 mm-Triplets:

242 5512.2	$13^{\mathrm{m}}5$	243 0991.3	$17^{\mathrm{m}}1$
243 0114.4	13.4	0996.3	[15.8
		1001.3	13.1
0430.7	12.8		
0431.6	13.0	1469.7	13.4
0440.5	15.3	1907.6	16.6
0442.5	15.7	1913.5	[15.3
0443.6	16.5	1917.5	13.7
0868.4	15.3		
0873.4	13.0		
0876.5	14.4		

Das kürzeste beobachtete Intervall ist demnach 125^{d}. Die weiteren Zwischenzeiten von 316^{d}, 443^{d}, 468^{d} und 448^{d} lassen sich als Vielfache einer Einheit von 105^{d} bis 117^{d} auffassen. Man kann daher mit einiger Wahrscheinlichkeit annehmen, daß sich die Erhellungen mit Intervallen von 105^{d} bis 125^{d}, wahrscheinlich mit noch etwas größerer Streuung, folgen. Eine geringe Erhebung 242 9750.4 $16^{\mathrm{m}}2$, 9752.4 $15^{\mathrm{m}}3$ ist wahrscheinlich als der Beginn eines Aufstiegs zu deuten. Das so erhaltene Maximum würde sich der angegebenen Regel fügen.

2200. 267.1943 Lyr Mira-Stern; $13^{\mathrm{m}}2$—[$16^{\mathrm{m}}8$.

$M = 242\ 9810 + 326^{\mathrm{d}}4 \cdot E.$

Max.	E	$B-R$	Max.	E	$B-R$
242 9815:	0	$+5^{\mathrm{d}}$	243 1118:	4	$+2^{\mathrm{d}}$
243 0133	1	−3	1445	5	+3
0459	2	−4	2094	7	−1
0785	3	−4			

Aufstieg erheblich steiler als Abstieg.

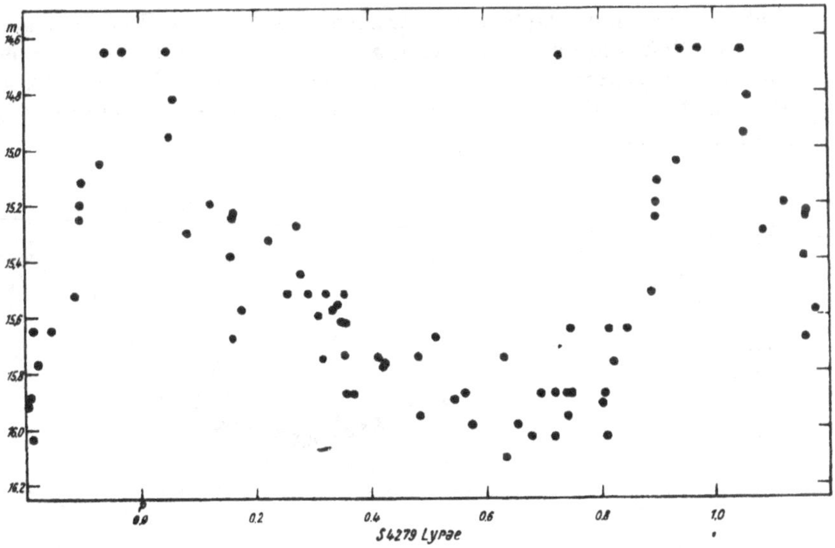

2201. S 4279 Lyr RR Lyrae-Stern; $14^m.7$—$16^m.0$.

$M = 242\ 9373.574 + 0^d.55033 \cdot E$.

$M - m = 0^d.115$ Typus RRa.

Max.	E	B—R	Max.	E	B—R
242 9373.559	0	$-0^d.015$	243 0209.534	1519	$+0^d.009$
9906.324	968	+0.031	0262.324	1615	−0.033
243 0170.480	1448	+0.028	0514.435	2073	+0.027

2202. S 4280 Lyr RR Lyrae-Stern; $14^m.1$—$14^m.7$.

$M = 242\ 9752.420 + 0^d.363908 \cdot E$.

$M - m = 0^d.13$ Typus RRb.

Max.	E	B—R	Max.	E	B—R
242 9752.378	0	$-0^d.042$	243 3151.320	9340	$-0^d.001$
9906.324	423	−0.029	3152.426	9343	+0.014
243 0128.393	1033	+0.056	3153.505	9346	+0.001
0377.676	1718	+0.062	3154.580	9349	−0.016
0578.478	2270	−0.013	3159.360	9362	+0.033
0820.514	2935	+0.024	3160.418	9365	0.000
0852.464	3023	−0.050	3161.470	9368	−0.040
1555.547	4955	−0.037	3162.554	9371	−0.048
2834.350	8469	−0.007	3163.670	9374	−0.024
2884.265	8606	+0.053	3187.355	9439	+0.007
2888.213	8617	−0.002	3188.437	9442	−0.002
3065.443	9104	+0.005	3210.298	9502	+0.024
3088.422	9167	+0.057	3212.463	9508	+0.006

Neben den photographischen standen 344 visuelle Beobachtungen am 200 mm-Refraktor und am 350 mm-Spiegel zur Verfügung. Für ersteres Instrument ist der Stern an der äußersten Grenze der Beobachtbarkeit, so daß zur Bestimmung der Lichtkurve hauptsächlich die Spiegelbeobachtungen dienen mußten.

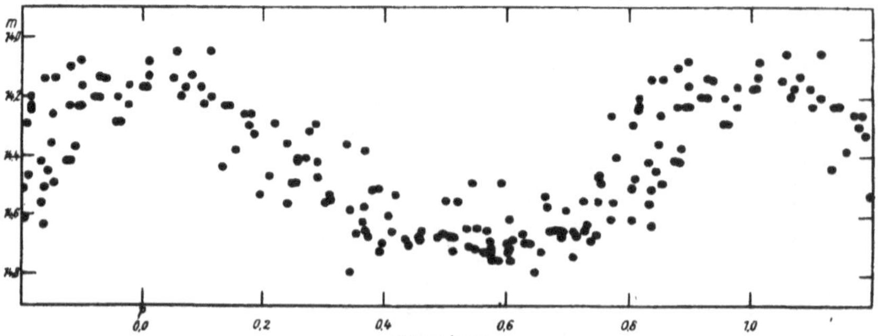

S 4280 Lyrae

2203. S 3809 Lyr Halbregelmäßig; $12^m.6$—$15^m.7$.
$M = 242\,9694 + 162^d \cdot E$.

Max.	*E*	*B—R*	Max.	*E*	*B—R*
242 9708	0	$+14^d$	243 0987	8	-3^d
243 0175	3	− 5	1158	9	+ 6
0350	4	+ 8	1310	10	− 4
0493	5	−11	1475	11	− 1
0655	6	−11	1651	12	+13
0818	7	−10			

Der Stern ist von bemerkenswerter Eigenart. Die Größen der Maxima halten die Grenzen $12^m.6$ und $13^m.0$ ein, diejenigen der Minima schwanken zwischen $14^m.1$ und $15^m.7$. Am Anfang der Reihe ist die Amplitude nur 1^m, nimmt rasch zu und hat zwischen *E* 3 und *E* 7 ihren vollen Betrag. Mit den stumpfen Maxima und spitzen Minima gleicht die Kurve der von V Ophiuchi (Campbell und Jacchia, The Story of Variable Stars, p. 109). Bis zum Maximum *E* 12 wird der Charakter gewahrt, jedoch ist die Amplitude nur noch maximal 2^m. Das bei 243 1925 liegende Minimum entspricht den Elementen, erreicht aber nur $14^m.2$. Das Maximum *E* 14 liegt in einer Beobachtungslücke, ist aber wahrscheinlich eingetreten. Dagegen sind die Lichtänderungen zwischen 2000 und 2120 sehr gering um $13^m.5$ mit einer sekundären Erhebung auf $13^m.25$ bei 2080, wo eigentlich ein Minimum liegen müßte. Der anscheinend merklich gefärbte Stern steht wohl den RV Tauri-Sternen näher als den Mirasternen.

2204. S 4281 Lyr RR Lyrae-Stern; $13^m.9$—$14^m.3$.
$M = 242\,9373.559 + 0^d.3451239 \cdot E$.
$M - m = 0^d.17$, Typus RRc.

Max.	*E*	*B—R*	Max.	*E*	*B—R*
242 9373.559	0	$0^d.000$	243 2793.412	9909	$+0^d.020$
9670.654	861	−0.057	2794.418	9912	−0.009
243 0073.486	2028	+0.016	2795.452	9915	−0.010
0102.476	2112	+0.015	2797.520	9921	−0.013
0103.504	2115	+0.008	2802.359	9935	−0.006
0131.436	2196	−0.015	2803.402	9938	+0.002
0409.668	3002	+0.047	2804.435	9941	−0.001
0461.436	3152	+0.046	2805.468	9944	−0.003
0464.451	3161	−0.045	2806.489	9947	−0.017
0531.490	3355	+0.040	2822.397	9993	+0.015
0633.319	3650	+0.058	2823.440	9996	+0.022
0645.306	3685	−0.035	2826.488	10005	−0.036
0787.581	4097	+0.049	2827.546	10008	−0.013
0843.468	4259	+0.026	2831.330	10019	−0.025
0852.464	4285	+0.049	2833.436	10025	+0.010
0873.441	4346	−0.026	2834.460	10028	−0.001
0938.417	4534	+0.066	2885.225	10175	+0.030
1222.398	5357	+0.010	2886.250	10178	+0.020
1655.498	6612	−0.020	2888.290	10184	−0.011
1917.490	7371	+0.023			

Der Stern bereitete erhebliche Schwierigkeiten, da die bei $E=9909$ beginnenden visuellen Beobachtungen auch durch $P=0^{\text{d}}\!.25644$ dargestellt werden und die Entscheidung, ob es sich um einen RRc- oder einen W UMa-Stern handelt, erst auf Grund der Lichtkurve möglich war. Zur besseren Veranschaulichung dieser Verhältnisse ist die Lichtkurve mit $2\,P$ vom Minimum ausgehend gegeben. Der Stern war wegen Lichtschwäche visuell ein schwieriges Objekt.

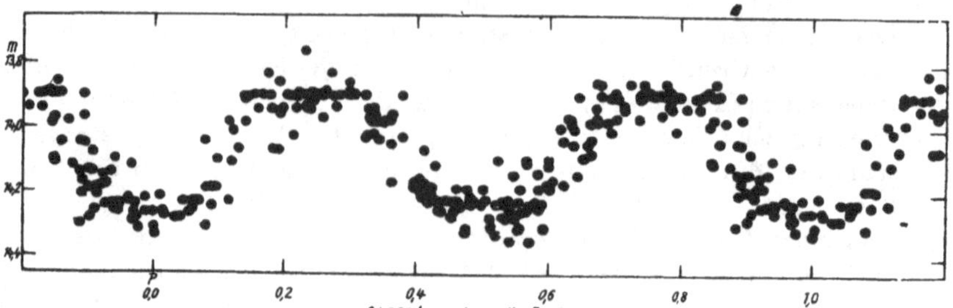

S 4281 Lyrae (visuelle Beob.)

2205. **S 4282 Lyr** RW Aurigae-Stern; $12^{\text{m}}\!.9$—$15^{\text{m}}\!.5$.

Auf Reihenplatten flackert die Helligkeit regellos; die rascheste Änderung ist mindestens $0^{\text{m}}\!.5$ in 1^{h}, doch bleiben die Amplituden dieser Schwankungen anscheinend immer klein. Von Tag zu Tag sind einigemale Unterschiede von 1^{m} beobachtet. Die Gesamtkurve verläuft sehr unruhig, doch ist ihr über die ganze Beobachtungszeit hinweg eine längere Periode überlagert, deren Elemente wie folgt bestimmt wurden:

$$M = 242\,9065 + 129^{\text{d}}\!.3 \cdot E.$$

Max.	*E*	*B–R*	Max.	*E*	*B–R*
242 9072	0	+ 7	243 0620	12	+ 3^{d}
9200	1	+ 6	0860	14	–15
9320	2	– 4	0985	15	–20
9450	3	– 3	1285	17	+22
9570	4	–12	1520	19	– 2
9730	5	+18	1650	20	– 1
243 0108	8	+ 9	1905	22	– 5
0230	9	+ 1	2045	23	+ 6
0484	11	– 3			

Obgleich es nicht ungewöhnlich ist, daß RW Aurigae-Sterne überlagerte Periodizität zeigen, ist doch die Einhaltung eines solchen Lichtwechsels über so lange Zeit und mit relativ großer Regelmäßigkeit bemerkenswert. — Stillstände sind nicht beobachtet, dagegen zeitweilige starke Abflachungen der Wellen.

2206. S 4283 Lyr RR Lyrae-Stern; $13^m_.5—14^m_.0$.

$M = 242\ 9672.602 + 0^d_.338471 \cdot E.$

$M - m = 0^d_.155$ Typus RRc.

Max.	E	B—R	Max.	E	B—R
242 9672.637	0	$+0^d_.035$	243 2797.350	9232	$-0^d_.016$
9747.437	221	+0.033	2802.456	9247	+0.013
243 0025.658	1043	+0.031	2803.485	9250	+0.026
0103.504	1273	+0.028	2804.470	9253	−0.004
0147.435	1403	−0.042	2805.490	9256	0.000
0170.480	1471	−0.013	2806.490	9259	−0.015
0377.676	2083	+0.039	2809.540	9268	−0.011
0442.541	2275	−0.083	2822.400	9306	−0.013
0793.620	3312	+0.002	2826.460	9318	−0.015
0852.464	3486	−0.048	2827.490	9321	0.000
1346.351	4945	+0.010	2834.254	9341	−0.006
2793.330	9220	+0.025	2885.350	9492	−0.019
2794.350	9223	+0.030	2908.405	9560	+0.020
2795.345	9226	+0.010	2917.522	9587	−0.001

Die letzten beiden Epochen sind an beobachtete Minima angeschlossen. Es standen 261 visuelle Beobachtungen zur Verfügung.

Die Lichtkurve scheint nicht ganz regelmäßig zu sein; es sind sowohl Abflachungen als Überlagerung unregelmäßiger Schwankungen angedeutet, doch ist der Stern für genauere Untersuchung zu schwach.

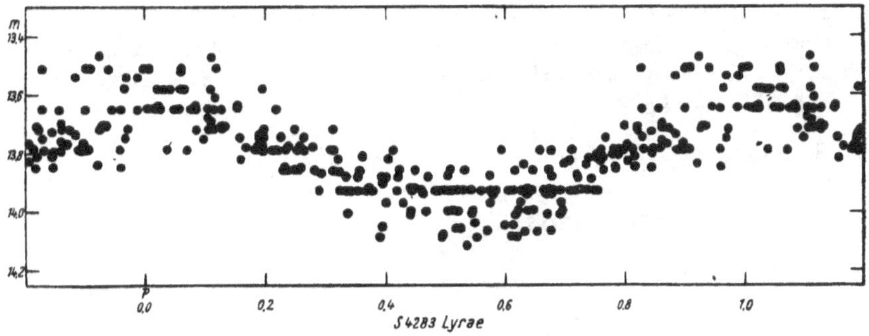

S 4283 Lyrae

2207. S 4284 Lyr RR Lyrae-Stern; $15^m_.6—16^m_.5$.

Die Periode liegt wahrscheinlich nahe bei $0^d_.378$. Wegen der Schwäche des Sterns sind zuverlässige Beobachtungen zu wenig zahlreich.

2208. S 4285 Lyr Halbregelmäßig; $14^m_.4—16^m_.2$.

$M = 242\ 9866 + 223^d \cdot E.$

$M - m = 70^d$:

Max.	E	B—R	Max.	E	B—R
242 9850:	0	-16^d	243 0760	4	$+\ 2^d$
243 0100	1	+11	0980	5	− 1
0310	2	− 2	1200	6	− 4
0524	3	−11	1656	8	+ 6

Die Maxima sind spitz, die Minima flach. Das kleinste Licht wird kurz vor dem steilen Aufstieg erreicht. Von 243 1900 bis 2120 ist die Kurve stark verflacht mit geringem Lichtwechsel um 15^m4, weshalb der Veränderliche als halbregelmäßig zu kennzeichnen ist. In den einzelnen Erscheinungen wurde mehrfach die volle Amplitude erreicht.

2209. S 4286 Lyr μ Cephei-Stern; 13^m2—13^m8.

Der Lichtwechsel folgt meist relativ kurzen Wellen geringer Amplitude, deren Länge etwa zwischen 50^d und 200^d liegt, ohne jede erkennbare Regelmäßigkeit. An einigen Stellen sind Sprünge von 0^m2 bis 0^m3 innerhalb weniger Tage ziemlich sicher belegt. Der Stern ist rötlich.

2210. S 4287 Lyr Algol-Stern; 13^m8—15^m6.

Es sind 5 Minima beobachtet: 242 9672.64, 243 0258.34, 0793.62, 0998.32, 1701.37. Bei der ersten Beobachtung befand sich der Stern nicht im kleinsten Licht; die vorletzte ist nicht absolut sicher. Der Periodenwert 4^d1824 führt auf Widersprüche. Die Periode kann aus dem vorliegenden Material nicht bestimmt werden.

2211. S 4288 Lyr μ Cephei-Stern; 13^m1—14^m3.

Von 242 9670 ab folgt der Lichtwechsel der Formel $M = 242\,9730 + 125^d \cdot E$, die 6 Maxima gut darstellt. Von 243 0400 bis 1350 ist eine Periode von etwa 140^d wirksam, jedoch mit starken Unregelmäßigkeiten, sowohl in der Zeit der Maxima als auch in der Gestalt der Lichtkurve, bei durchweg großer Amplitude. Dabei treten ziemlich rasche Änderungen in Erscheinung, maximal 0^m75 in 15^d. Dieser Lichtwechsel bricht plötzlich ab, und bis 2120 sind die Änderungen regellos bei höchstens 0^m5 Amplitude um die Mittellage 13^m6. Der Stern ist auf panchromatischer Filterplatte etwa 2^m heller als auf Blauplatten.

2212. S 4289 Lyr RR Lyrae-Stern; 11^m8—12^m4.

$M = 242\,9752.390 + 0^d545485 \cdot E$.

$M - m = 0^d08$, Typus RRa.

Max.	E	$B-R$	Max.	E	$B-R$
242 9752.378	0	-0^d012	243 2775.475	5542	$+0^d007$
9878.376	231	−0.021	2793.469	5575	0.000
243 0496.443	1364	+0.011	2794.558	5577	−0.002
0497.508	1366	−0.015	2804.371	5595	−0.008
0514.434	1397	+0.001	2805.467	5597	−0.003
0791.584	1905	+0.045	2806.565	5599	+0.004
0868.444	2046	−0.008	2822.375	5628	−0.005
2686.553	5379	−0.001	2823.462	5630	−0.009
2690.393	5386	+0.021	2827.300	5637	+0.011
2703.480	5410	+0.016	2828.365	5639	−0.015
2710.557	5423	+0.002	2830.562	5643	0.000
2716.550	5434	−0.005	2833.292	5648	+0.003
2762.375	5518	−0.001	2834.383	5650	+0.003
2763.458	5520	−0.009	2835.460	5652	−0.011
2764.550	5522	−0.008			

Die ersten 7 Epochen sind photographisch, die anderen visuell beobachtet. Bereits während der visuellen Beobachtungen waren gewisse Unregelmäßigkeiten der Lichtänderungen bemerkt worden. Die genauere Untersuchung ergab, daß sich diese auf die erste Hälfte und das Ende des von den Beobachtungen überdeckten Zeitabschnitts beschränkten, wogegen in der Zwischenzeit der Lichtwechsel sehr regelmäßig verlief. Wie in anderen Fällen ist auch hier der absteigende Ast und das kleinste Licht von den Unregelmäßigkeiten betroffen. Für jeden der beiden Abschnitte wurde eine besondere Lichtkurve gezeichnet.

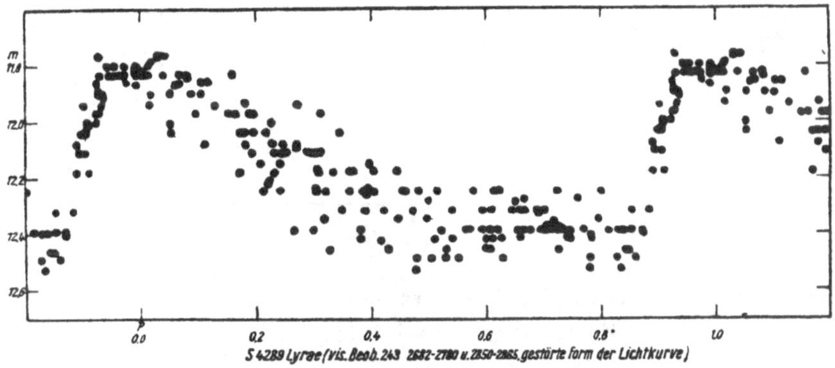

S 4289 Lyrae (vis. Beob. 243 2682–2780 u. 2850–2865, gestörte Form der Lichtkurve)

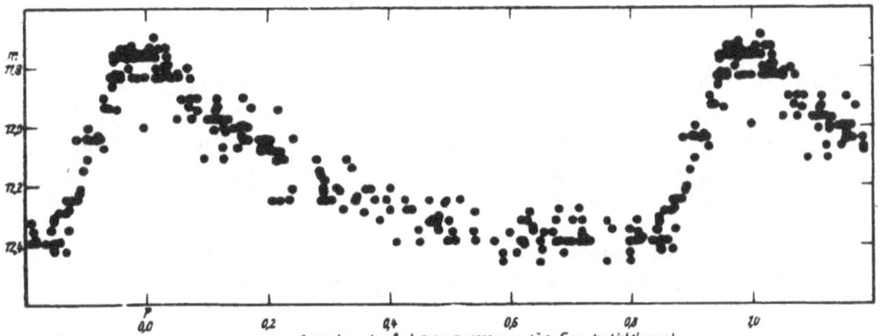

S 4289 Lyrae (vis. Beob. 243 2791–2835, ungestörte Form der Lichtkurve)

2213. S 4290 Lyr Algol-Stern; $12^m_{\cdot}0$—$13^m_{\cdot}3$.
$m = 242\,5347.565 + 1^d_{\cdot}611143 \cdot E$.
$D = 4^h_{\cdot}3$ $d = 0^h$.

Max.	E	B–R	Max.	E	B–R
242 5347.565	0	$0^d_{\cdot}000$	242 9546.200	2606	$-0^d_{\cdot}004$
5389.452	26	−0.003	9752.420	2734	−0.010
5439.405	57	+0.005	9868.421	2806	−0.011
5497.364	93	−0.037	9876.508	2811	+0.020
5624.709	172	+0.027	243 0258.335	3048	+0.006
5716.511	229	−0.006	0443.619	3163	+0.009
5737.472	242	+0.010	0498.397	3197	+0.008
5803.515	283	−0.003	0514.501	3207	0.000
5937.254	366	+0.011	0791.620	3379	+0.003
9072.511	2312	−0.017	0991.384	3503	−0.015
9425.365	2531	−0.003	1231.456	3652	−0.003

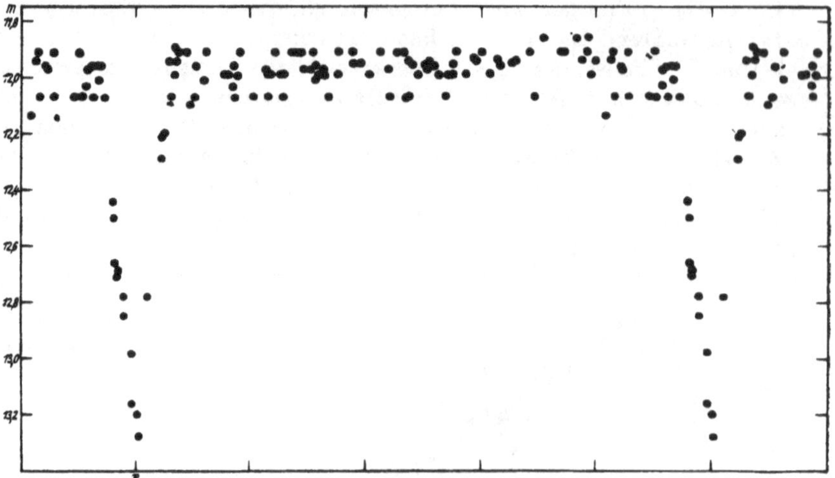

S 4290 Lyrae

2214. S 4291 Lyr RR Lyrae-Stern; $15^m.5$—$16^m.6$.

$M = 242\ 9375.551 + 0^d.483624 \cdot E$.

$M - m = 0^d.162$ Typus RRb.

Max.	E	$B-R$	Max.	E	$B-R$
242 9375.534	0	$-0^d.017$	243 0791.584	2928	$-0^d.018$
9750.390	775	+0.030	1144.624	3658	−0.024
9868.362	1019	−0.002	1146.599	3662	+0.017
243 0147.435	1596	+0.020	1346.351	4075	+0.032
0375.667	2068	−0.018			

Die stärkere Streuung der Beobachtungen in der Darstellung der Lichtkurve ist hier allein durch die Schwäche des Sterns verursacht.

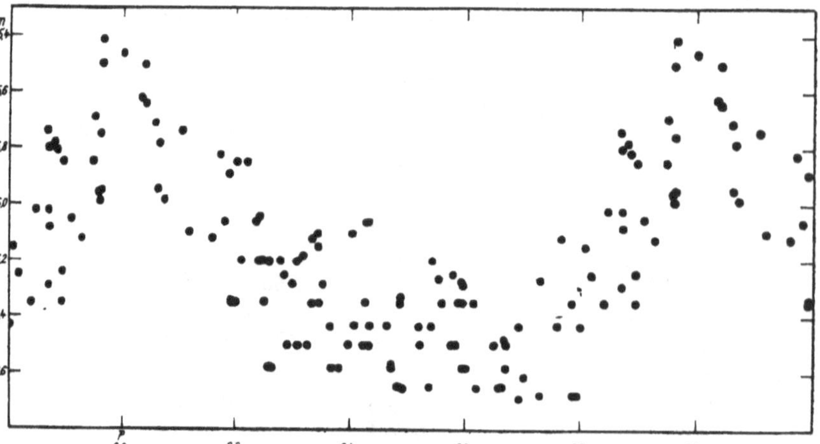

S 4291 Lyrae

2215. S 4292 Lyr β Lyrae-Stern; $13^m.8$—$14^m.5$.
$m_1 = 242\,9373.57 + 0^d.544076 \cdot E$.
$A_1 = 0^m.7 \quad A_2 = 0^m.3$.

Min.	E	B—R	Min.	E	B—R
242 9373.56	0	$-0^d.01$	243 1503.62	3915	$-0^d.01$
9670.65	546	+0.01	2881.21	6447	−0.02
243 0793.62	2610	+0.01	2882.33	6449	+0.01
0847.45	2709	−0.02	2887.22	6458	+0.01
1200.55	3358	−0.03	2888.31	6460	+0.01
1229.43	3411	+0.02	2906.21	6493	−0.05

Das letzte der 5 visuell beobachteten Minima, E = 6493, dürfte als unsicher anzusehen sein.

2216. S 4293 Lyr RW Aurigae-Stern; $14^m.8$—$15^m.6$.
Der Stern wurde zunächst auf kurzperiodischen Lichtwechsel geprüft. Da als Differenzen Folgen voller Tage auftraten, kamen nur Perioden nahe 0^d5 und 0^d33 in Betracht. Mit $P = 0^d.490416$ ergab sich eine relativ gute Darstellung der Maxima und eine leidliche RRc-Kurve, jedoch verblieben einige widersprechende Beobachtungen. Mit Werten nahe $0^d.33$ konnte keine Darstellung erreicht werden. Die Widersprüche sind prinzipieller Art, können also auch durch Variation der Periode nicht beseitigt werden. Der Lichtwechsel ist daher als unregelmäßig anzusehen. Dieser Schluß ist zwingend, sofern man 3 entschieden widersprechende Beobachtungen als einwandfrei ansieht. Auch die sonstigen Beobachtungen zeigen stärkere Streuung als normalerweise erwartet werden kann. Die rascheste gesicherte Lichtschwankung ist $0^m.4$ in 3^d. Stillstände sind nicht beobachtet, wohl aber bleibt die Möglichkeit, daß der Lichtwechsel zeitweilig in langen flachen Wellen verläuft.

2217. S 4294 Lyr RR Lyrae-Stern; $15^m.2$—$16^m.1$.
Typus wahrscheinlich RRa; Periode nahe bei $0^d.66$ oder $0^d.40$; letzterer Wert hat die größere Wahrscheinlichkeit. Obgleich mehr als 20 Periodenwerte geprüft wurden, konnte die richtige Periode nicht gefunden werden, offenbar aus den in der Unschärfe der Epochen liegenden prinzipiellen Ursachen, die bei diesem schwachen, randnahen Stern besonders wirksam sind.

2218. S 4295 Lyr Mira-Stern; $11^m.8$—$16^m.6$.
$M = 242\,9764 + 153^d.0 \cdot E$.
$M - m = 75^d$ Lichtkurve β_2.

Max.	E	B—R	Max.	E	B—R
242 9775	0	$+11^d$	243 0832	7	-3^d
9918	1	+1	1140	9	−1
243 0065	2	−5	1447	11	0
0374	4	−2	1600	12	0
0523	5	−6			

2219. S 4296 Lyr RR Lyrae-Stern; $15^m.5$—$16^m.2$.
Die Periode konnte nicht ermittelt werden, obgleich mehr als 20 Werte geprüft wurden; sie ist sehr wahrscheinlich kürzer als $0^d.5$, in welchem Falle die Unschärfe der Epochen besonders störend ist.

2220. AO Lyrae Mira-Stern; $11^m.5$—$17^m.2$.

$M = 242\,9765 + 290^d.0 \cdot E.$
$M - m = 132^d.$

Max.	E	$B-R$	Max.	E	$B-R$
242 9770	0	$+5^d$	243 0928	4	$+3^d$
243 0050	1	-5	1210	5	-5
0345	2	0	1503	6	-2
0634	3	-1	2090	8	$+5$

Die Maximalhelligkeit liegt meist wenig unter $12^m.0$; das Maximum $E = 4$ erreichte nur die Größe $13^m.3$.
Form der Lichtkurve β_1.

2221. AX Lyrae Mira-Stern; $12^m.6$—$17^m.5$.

$M = 242\,9352 + 248^d.4 \cdot E.$
$M - m = 120^d:$

Max.	E	$B-R$	Max.	E	$B-R$
242 9350	0	-2^d	243 0595	5	$+1^d$
9850	2	$+1$	0840	6	-2
243 0103	3	$+6$	1587	9	-1

Ein auf Platten des 140 mm-Triplets beobachtetes Maximum 242 5320, das eher etwas früher als später anzusetzen wäre, ergibt $B-R = -58^d$ und verlangt demnach $P = 251^d.1$. Die oben gegebenen Elemente sind daher als instantane anzusehen. Die Periode war in der späteren Beobachtungszeit sicher kürzer als der eben angegebene Mittelwert. Form der Lichtkurve β.

2222. CG Lyrae RR Lyrae-Stern; $12^m.9$—$14^m.1$.

$M = 242\,5389.423 + 0^d.5089557 \cdot E.$
$M - m = 0^d.10$, Typus RRa.

Max.	E	$B-R$	Max.	E	$B-R$
242 5389.425	0	$+0^d.002$	243 0104.432	9264	$+0^d.043$
5477.446	173	-0.026	0375.667	9797	$+0.005$
5501.426	220	$+0.033$	0377.676	9801	-0.022
5502.422	222	$+0.011$	0430.615	9905	-0.014
5523.279	263	$+0.001$	0590.424	10219	-0.017
5707.510	625	-0.010	0794.538	10620	$+0.005$
5730.461	670	$+0.038$	0820.514	10671	$+0.025$
5759.433	727	-0.001	0847.447	10724	-0.017
5790.438	788	-0.042	0876.463	10781	-0.011
9373.559	7828	$+0.031$	1328.425	11669	-0.002
9374.520	7830	-0.026	1584.454	12172	$+0.022$
9878.376	8820	-0.036	1588.506	12180	$+0.003$

Die ersten 12 Maxima sind aus einer Plattenreihe des 140 mm-Triplets erhalten.

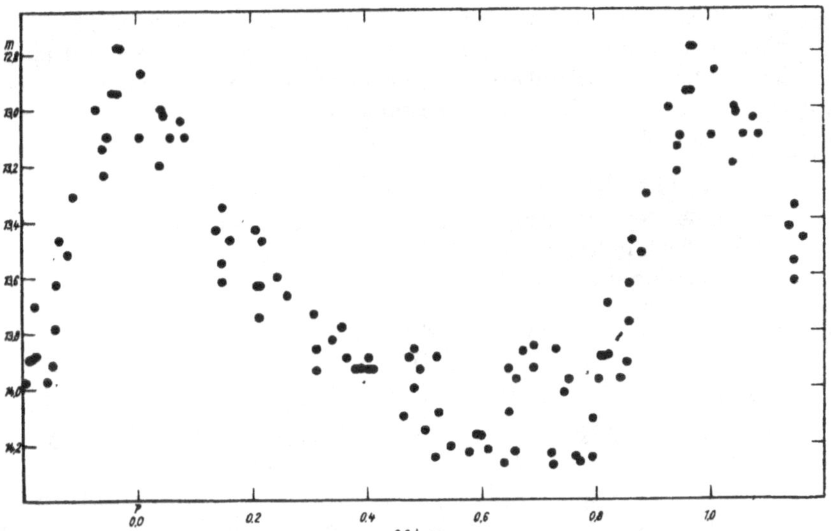

CG Lyrae

Feld ϱ Cygni

EVA ROHLFS

2223. 110.1937 Cyg Mira-Stern; $12^{\mathrm{m}}.4$—$15^{\mathrm{m}}.0$.

$M = 242\,8070 + 532^{\mathrm{d}} \cdot E.$

Max.	Gr.	E	B—R	Max.	Gr.	E	B—R
242 8050	$12^{\mathrm{m}}.4$	0	-20^{d}	242 9670	$13^{\mathrm{m}}.4$	3	$+4^{\mathrm{d}}$
8635	13.6	1	+33	243 0720	13.4	5	−10
9130	12.8	2	− 2				

Vorstehende Helligkeitsangaben beziehen sich auf KRANZ-Ultra-Platten. Auf MATTER-Platten ist die Amplitude wesentlich geringer. Der Stern ist hier im Maximum $14^{\mathrm{m}}.3$, im Minimum $15^{\mathrm{m}}.1$. Halbierung oder Dreiteilung der Periode ist nicht möglich.

2224. 111.1937 Cyg μ Cephei-Stern; $13^{\mathrm{m}}.2$—$13^{\mathrm{m}}.8$.

Der rötliche Stern zeigt einen geringen unregelmäßigen Lichtwechsel in Form langer, flacher Wellen, die von Stillständen von 100^{d} bis 200^{d} Dauer unterbrochen werden.

2225. 112.1937 Cyg Z Aquarii-Stern; $13^{\mathrm{m}}.8$—$15^{\mathrm{m}}.8$.

$M = 242\,8055 + 144^{\mathrm{d}} \cdot E.$

Max.	Gr.	E	B—R	Max.	Gr.	E	B—R
242 8055	$14^{\mathrm{m}}.5$	0	0^{d}	242 9470	$14^{\mathrm{m}}.1$	10	-25^{d}
8485	14.4	3	− 2	9635	13.9	11	− 4
8775	14.4	5	0	9925	14.2	13	− 2
8950	14.0	6	+31	243 0950	13.8	20	+15
9200	14.3	8	− 7				

Das Maximum *E* 2 fällt aus, der Stern ist zu dieser Zeit $15^{\mathrm{m}}7$. Für die übrigen oben nicht angeführten Maxima des Beobachtungszeitraumes liegen keine oder nur lückenhafte und unsichere Beobachtungen vor. Der Stern ist rötlich, seine Helligkeit schwankt auf MATTER-Platten nur zwischen $15^{\mathrm{m}}4$ und $16^{\mathrm{m}}2$.

2226. 113.1937 **Cyg** Kurzperiodisch; $14^{\mathrm{m}}6$—$15^{\mathrm{m}}3$.

Infolge der geringen Amplitude und der randnahen Lage des Sterns auf den Triplet-Platten reichen die Beobachtungen nicht aus, den Stern näher zu charakterisieren.

2227. 114.1937 **Cyg** Mira-Stern; $12^{\mathrm{m}}5$—$14^{\mathrm{m}}8$.

$M = 242\ 8135 + 485^{\mathrm{d}} \cdot E.$

Max.	Gr.	*E*	*B–R*	Max.	Gr.	*E*	*B–R*
242 8130	$12^{\mathrm{m}}5$	0	-5^{d}	242 9600	$12^{\mathrm{m}}5$	3	$+10^{\mathrm{d}}$
8620	12.6	1	0	243 0565	13.0	5	+ 5
9100	12.5	2	− 5	1040	12.9	6	− 5

Die Lichtkurve ist sehr regelmäßig und zeigt einen Buckel im aufsteigenden Ast. Die Periode ist nicht zu halbieren. Der Stern ist auf MATTER-Platten $1^{\mathrm{m}}2$ bis $1^{\mathrm{m}}3$ schwächer als auf KRANZ-Ultra-Platten.

2228. 152.1940 **Cyg** Unregelmäßig; $13^{\mathrm{m}}0$—$13^{\mathrm{m}}6$.

Der gegenüber den Vergleichsternen nicht gerötete Stern zeigt unregelmäßigen Lichtwechsel in Form flacher Wellen von 30^{d} bis 100^{d} Dauer.

2229. 115.1937 **Cyg** Mira-Stern; $14^{\mathrm{m}}0$—[$16^{\mathrm{m}}1$.

$M = 242\ 8418 + 523^{\mathrm{d}} \cdot E.$

Max.	Gr.	*E*	*B–R*
242 8410	$14^{\mathrm{m}}0$	0	-8^{d}
8955	14.3	1	+14
9465	14.1	2	+ 1
9980	14.1	3	− 7

Die Maxima *E* 0 und 2 sind durch zahlreiche Beobachtungen belegt. In beiden Fällen erfolgt der Aufstieg von $16^{\mathrm{m}}0$ bis $14^{\mathrm{m}}1$ innerhalb von 25^{d} bis 30^{d}. Eine Halbierung oder Dreiteilung der Periode kommt nicht in Frage. Der Stern ist anscheinend nicht sehr rot.

2230. 153.1940 **Cyg** S Vulpeculae-Stern; $12^{\mathrm{m}}7$—$13^{\mathrm{m}}5$.

$M = 242\ 7972 + 95^{\mathrm{d}}8 \cdot E.$

Max.	Gr.	*E*	*B–R*	Max.	Gr.	*E*	*B–R*
242 7975	$12^{\mathrm{m}}7$	0	$+3^{\mathrm{d}}0$	242 9035	$12^{\mathrm{m}}8$	11	$+9^{\mathrm{d}}2$
8055	12.7	1	−12.8	9125	12.7	12	+ 3.4
8255	12.6	3	− 4.4	9225	12.8	13	+ 7.6
8345	12.7	4	−10.2	9400	12.6	15	− 9.0
8455	12.7	5	+ 4.0	9496	12.7	16	− 8.8
8635	12.7	7	− 7.6	9705	12.7	18	+ 8.6
8730	12.8	8	− 8.4	9985	12.7	21	+ 1.2
8820	12.7	9	−14.2				

Der Stern ist auf MATTER-Platten $0^m\!.2$ schwächer als auf KRANZ-Ultra-Platten. Der Anstieg der Lichtkurve verläuft steiler als der Abstieg. Im letzten Drittel des gesamten Beobachtungszeitraums (243 0000—243 1000) scheinen stärkere Störungen der Periode vorzukommen, doch ist die Reihe der Beobachtungen hier zu wenig dicht, um sichere Schlüsse zuzulassen.

2231. 659.1936 Cyg δ Cephei-Stern; $10^m\!.80$—$11^m\!.85$.
$M = 242\,7955.119 + 7^d\!.249835 \cdot E$.
$M - m = 2^d\!.17$.

Max.	Gr.	E	$B-R$
242 7955.439	$10^m\!.76$	0	$+0^d\!.320$
7977.435	10.76	3	+0.566
7983.471	10.76	4	—0.647
8404.461	10.76	62	—0.148
8636.559	10.56	94	—0.044
9013.539	10.76	146	—0.056
9078.477	10.92	155	—0.366
9107.458	10.92	159	—0.385
9108.432	10.86	159	+0.589
9158.344	10.87	166	—0.248
9158.376	10.96	166	—0.216
9194.397	10.76	171	—0.444
9216.267	10.92	174	—0.323
9231.256	10.56	176	+0.166
9456.473	10.96	207	+0.638
9491.547	10.76	212	—0.537
9876.454	10.66	265	+0.129
243 0253.413	10.76	317	+0.096
0608.461	10.76	366	—0.098

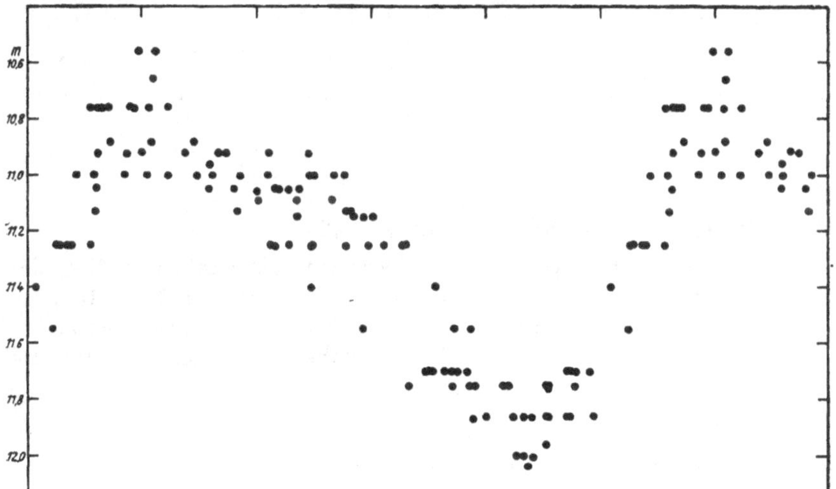

659.1936 Cygni

2232. V 409 Cyg Algol-Stern; $13^m_.3$—$14^m_.8$.

$m = 242\,7953.35 + 37^d_.726 \cdot E.$

$D = 3^d_.02$; $d = 0^h_.0$.

Min.	Gr.	E	B—R
242 7953.50	$14^m_.8$	0	$+0^d_.15$
8783.45	14.8	22	+0.13
9161.46	14.5	32	+0.88
9424.51	[14.5	39	—0.15
9500.53	14.6	41	+0.41
9876.45	14.0	51	—0.93
9878.45	14.1	51	+1.07

Nebenminimum angedeutet.

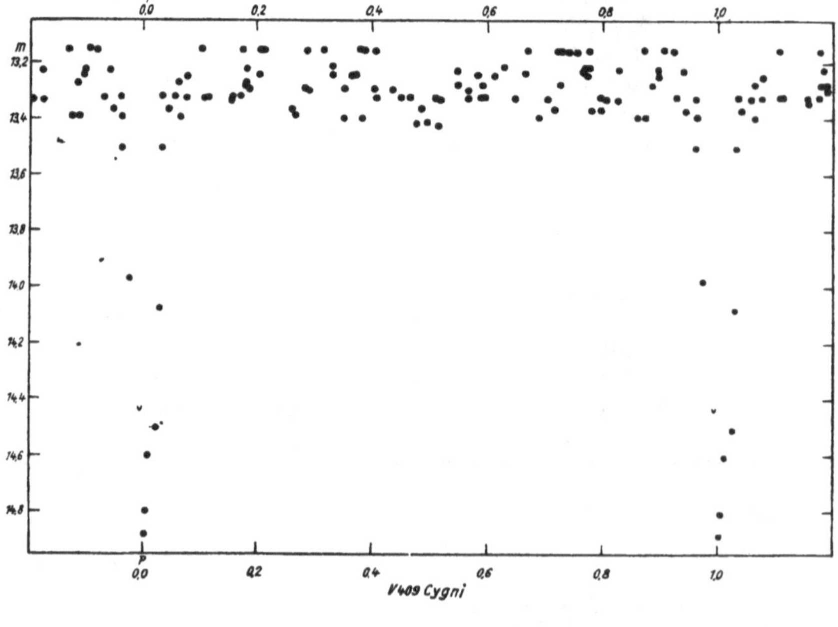

2233. 116.1937 Cyg Algol-Stern; $13^m_.7$—$14^m_.4$.

Der Stern ist auf KRANZ Ultra-Platten im allgemeinen $13^m_.84$. Die größte in einigen Fällen beobachtete Helligkeit beträgt $13^m_.73$. In zwei Fällen 242 8428.444 und 242 8813.389 wurde eine Schwächung bis zu $14^m_.36$ beobachtet. Die auf MATTER-Platten beobachteten Extremwerte sind $13^m_.44$ und $13^m_.84$.

2234. 161.1943 Cyg μ Cephei-Stern; $11^m_.8$—$12^m_.4$.

Unregelmäßige Wellen geringer Amplitude ohne raschere Änderungen und längere Stillstände charakterisieren den Lichtwechsel dieses rötlichen Sterns.

2235. 117.1937 Cyg RR Lyrae-Stern? 13^m15-13^m45.

Infolge der geringen Amplitude war es nicht möglich, eine Periode dieses Sterns zu bestimmen. Die Beobachtungen lassen auf einen RR Lyrae-Stern schließen. Nach visuellen Beobachtungen von HOFFMEISTER beträgt die Amplitude 0^m18. Die Veränderlichkeit dürfte reell sein, die Art der Veränderlichkeit ist aber mit vorhandenen Mitteln nicht zu bestimmen.

2236. 118.1937 Cyg Unregelmäßig; 14^m9-16^m1.

Die Maximalhelligkeit von 14^m9 wurde nur zweimal (242 7975 und 8078) beobachtet. Im übrigen schwankt die Helligkeit des Sterns nur zwischen 15^m3 und 16^m1. Infolge seiner Lichtschwäche ist der Stern auf den Triplet-Aufnahmen meist unsichtbar. Es scheint eine Tendenz zu Wellen von 75^d bis 100^d zu bestehen.

2237. 154.1940 Cyg Algol-Stern; 13^m3-15^m2.

$m = 242\,8487.375 + 4^d83716 \cdot E$.

$D = 11^h3$; $d = 0^h0$.

Min.	Gr.	E	$B-R$
242 8487.255	14^m60	0	-0^d120
9053.464	14.40	117	+0.141
9106.510	14.94	128	−0.021
9111.518	14.26	129	+0.149
9135.424	14.60	134	−0.130
9169.407	15.25	141	−0.007
9401.479	14.00	189	−0.119
9464.447	14.98	202	−0.034
9493.537	15.18	208	+0.033
9851.514	14.97	282	−0.060
9880.560	14.97	288	+0.083

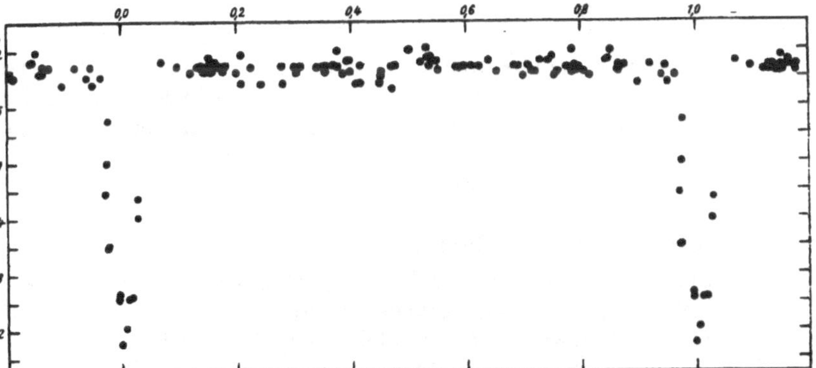

154.1940 Cygni

2238. 155.1940 Cyg μ Cephei-Stern; $12^{m}.4$—$13^{m}.1$.

Die Amplitude des Lichtwechsels dieses roten Sterns ist im kurzwelligen Gebiet bedeutend größer als im langwelligen. Seine Helligkeit schwankt auf Matter-Platten zwischen $13^{m}.4$ und $14^{m}.8$, auf Kranz Ultra-Platten nur zwischen $12^{m}.4$ und $13^{m}.1$. Die Wellen zeigen eine regelmäßige Form und dauern 200^{d} bis 250^{d}. Stillstände wurden nicht beobachtet.

2239. 156.1940 Cyg Algol-Stern; $14^{m}.3$—$16^{m}.2$.

$m = 242\,8069.274 + 1^{d}.95561 \cdot E.$

$D = 4^{h}.1;\ d = 0^{h}.0.$

Min.	Gr.	E	$B-R$
242 8069.324	$15^{m}.70$	0	$+0^{d}.050$
8865.249	16.20	407	+0.042
9113.543	[15.30	534	−0.027
9162.419	15.50	559	−0.041
9164.425	[15.15	560	+0.009
9166.399	16.10	561	+0.028
9168.323	16.20	562	−0.004
9168.409	15.38	562	+0.082
9217.248	[15.15	587	+0.031
9424.510	[15.15	693	−0.002
9514.429	15.95	739	−0.041
243 0265.431	[15.30	1123	+0.007
0613.466	[15.30	1301	−0.057
0973.407	[15.50	1485	+0.052
1327.375	15.45	1666	+0.055

2240. 157.1940 Cyg Mira-Stern; $14^{m}.3$—$16^{m}.0$.

$M = 242\,8076 + 366^{d} \cdot E.$

Max.	Gr.	E	$B-R$	Max.	Gr.	E	$B-R$
242 8090	$15^{m}.2$	0	$+14^{d}$	242 9540	$14^{m}.4$	4	0^{d}
8430	14.7	1	−12	9915	15.1	5	+ 9
8795	15.1	2	−13	243 0280	14.8	6	+ 8
9165	14.3	3	− 9	0640	14.9	7	+ 2

Der Stern ist gegenüber den Vergleichsternen nicht merklich verfärbt. Der Veränderliche ist die südliche Komponente eines engen Paares, das nur auf einigen Platten des 400 mm-Astrographen getrennt erscheint, so daß die angegebenen Helligkeiten Gesamthelligkeiten sind und die Amplitude des Lichtwechsels des Veränderlichen wahrscheinlich mindestens 2^{m} beträgt.

2241. 158.1940 Cyg Unveränderlich; $13^{m}.5$.

Die Helligkeit dieses Sterns schwankt auf den 38 zur Verfügung stehenden Platten des 400 mm-Astrographen zwischen $13^{m}.25$ und $13^{m}.40$; auf 108 Tripletplatten wurde als größte Helligkeit $13^{m}.39$ und als schwächste Helligkeit $13^{m}.66$ gefunden. Diese Abweichungen bleiben im Bereich der normalen Beobachtungsfehler. Nur auf einer Tripletplatte (242 8370.515) — der

Entdeckungsplatte — ist er $13^m_.26$. Vielleicht liegt ein sehr geringer unregelmäßiger Lichtwechsel vor, doch ist der Stern wohl vorerst besser als unveränderlich anzusehen. Nach 55 visuellen Schätzungen von Hoffmeister von 243 2820—2865 bleibt die Amplitude des Sterns unter $0^m_.2$.

2242. 119.1937 Cyg Mira-Stern; $13^m_.2$—$15^m_.6$.

$M = 242\ 8090 + 259^d \cdot E$.

Max.	Gr.	*E*	*B—R*	Max.	Gr.	*E*	*B—R*
242 8090	$13^m_.2$	0	0^d	242 9890	$13^m_.2$	7	-13^d
9130	13.1	4	+ 4	243 0415	—	9	− 6
9400	13.2	5	+15	0950	13.2	11	+11
9640	13.2	6	− 4				

2243. 120.1937 Cyg Unregelmäßig; $12^m_.3$—$12^m_.7$.

Dieser Stern ist auf keiner der zur Verfügung stehenden Platten heller als $12^m_.26$. Seine durchschnittliche Größe beträgt $12^m_.5$, die stärkste — nur einmal beobachtete — Schwächuug $12^m_.72$. Er zeigt keine Rötung. Auffallend ist, daß die Helligkeit in *BD* $+45^\circ 3483$ mit $9^m_.4$ angegeben ist. Eventuell γ Cassiopeiae-Typ. Nach visuellen Beobachtungen von Hoffmeister ist die Amplitude des Sterns von 243 2820—2865 kaum $0^m_.25$.

2244. 121.1937 Cyg Z Aquarii-Stern; $13^m_.2$—$14^m_.5$.

$M = 242\ 8047 + 342^d \cdot E$.

Max.	Gr.	*E*	*B—R*	Max.	Gr.	*E*	*B—R*
242 8050	$13^m_.2$	0	$+ 3^d$	242 9750	$13^m_.5$	5	$- 7^d$
8390	13.7	1	+ 1	243 0430	13.5	7	−11
9080	13.5	3	+ 7	0800	13.5	8	+17
9405	13.2	4	−10				

2245. 159.1940 Cyg Unregelmäßig; $13^m_.6$—$15^m_.0$.

Der Lichtwechsel vollzieht sich in Form unregelmäßiger Wellen, deren Länge 150^d bis 300^d beträgt. Diese Wellen haben meist die volle Amplitude des Lichtwechsels. Ein Stillstand von 150^d bei $13^m_.8$ wurde beobachtet. Der Stern zeigt gegenüber den Vergleichsternen keine merkliche Verfärbung.

2246. 160.1940 Cyg Unregelmäßig; $13^m_.2$—$13^m_.7$.

Unregelmäßige Wellen, die von Stillständen von 60^d bis 200^d Dauer unterbrochen werden. Der Stern ist auf Matter-Platten $0^m_.2$ schwächer als auf Kranz Ultra-Platten.

2247. 122.1937 Cyg Mira-Stern; $12^m_.8$—[$15^m_.9$.

$M = 242\ 7938 + 130^d_.4 \cdot E$

Max.	Gr.	*E*	*B—R*	Max.	Gr.	*E*	*B—R*
242 7940	—	0	$+ 2^d_.0$	242 9495	$12^m_.8$	12	$- 7^d_.8$
8330	$13^m_.1$	3	+ 0.8	9650	—	13	+16.8
8850	—	7	− 0.8	9890	—	15	− 4.0
9110	13.3	9	− 1.6	243 0290	—	18	+ 4.8
9235	—	10	− 7.0	0800	—	22	− 6.8
9365	13.2	11	− 7.4	0945	12.8	23	+ 7.8

2248. 161.1940 Cyg Mira-Stern; $13^m.3$—[$15^m.8$.
$M = 242\,7954 + 414^d \cdot E$.

Max.	Gr.	E	$B-R$	Max.	Gr.	E	$B-R$
242 7950	$13^m.3$	0	-4^d	242 9190	$13^m.3$	3	-6^d
8375	13.4	1	+7	9620	—	4	+10
8775	13.3	2	−7				

Eine Halbierung der Periode ist sehr unwahrscheinlich. Der Stern ist auf MATTER-Platten 1^m schwächer als auf KRANZ Ultra-Platten.

2249. 162.1940 Cyg Mira-Stern; $13^m.6$—[$16^m.1$.
$M = 242\,7955 + 218^d \cdot E$.

Max	Gr.	E	$B-R$	Max.	Gr.	E	$B-R$
242 7955	$13^m.6$	0	0^d	242 9480	$14^m.0$	7	-1^d
8395	14.1	2	+4	243 0585	13.8	12	+14
8830	14.0	4	+3	1003	13.6	14	−4
9040	14.1	5	−5				

2250. 123.1937 Cyg Mira-Stern; $13^m.2$—[$16^m.5$.
$M = 242\,8045 + 216^d \cdot E$.

Max.	Gr.	E	$B-R$	Max.	Gr.	E	$B-R$
242 8045	$13^m.4$	0	0^d	242 9986	$13^m.2$	9	-3^d
8690	14.0	3	−3	243 0203	14.0	10	−2
9125	13.2	5	0	0635	13.5	12	−2
9560	—	7	+3	1070	—	14	+1

2251. 162.1943 Cyg μ Cephei-Stern; $11^m.6$—$12^m.2$.
Die Helligkeit dieses Sterns schwankt unregelmäßig um geringe Beträge, wobei die Durchschnittsgröße von 242 7950 bis 243 0000 bei $11^m.8$, von 243 0500 bis 1100 bei $12^m.0$ liegt. Er ist auf MATTER-Platten $0^m.3$ schwächer als auf KRANZ Ultra-Platten.

2252. 124.1937 Cyg Mira-Stern; $14^m.0$—[$16^m.5$.
$M = 242\,8054 + 215^d \cdot E$.

Max.	Gr.	E	$B-R$	Max.	Gr.	E	$B-R$
242 8050	$14^m.7$	0	-4^d	242 9987	$14^m.0$	9	-2^d
8260	14.0	1	−9	243 0640	14.1	12	+6
9140	14.0	5	+11	0845	14.6	13	−4
9555	14.6	7	−4	1075	14.0	14	+11

2253. 163.1940 Cyg Mira-Stern; $13^m.5$—[$16^m.0$.
$M = 242\,8052 + 359^d \cdot E$.

Max.	Gr.	E	$B-R$	Max.	Gr.	E	$B-R$
242 8052	$14^m.2$	0	0^d	242 9876	$15^m.0$	5	$+29^d$
8425	14.5	1	+14	243 0895	14.6	8	−29
9476	13.5	4	−12				

Die Höhe des Maximums E 4, das die anderen Maxima erheblich übersteigt ist durch Beobachtungen auf 5 Platten gesichert.

2254. 164.1940 Cyg Mira-Stern; $12^m.6$—$14^m.9$.

$M = 242\ 8310 + 262^d \cdot E$.

Max.	Gr.	E	$B-R$	Max.	Gr.	E	$B-R$
242 8295	$12^m.7$	0	-15^d	242 9640	$12^m.6$	5	$+20^d$
8830	12.6	2	− 4	9875	12.7	6	− 7
9105	12.5	3	+ 9	243 0650	12.6	9	−18
9360	12.6	4	+ 2	0945	13.0	10	+15

2255. 163.1943 Cyg S Vulpeculae-Stern; $13^m.4$—$14^m.6$.

$M = 242\ 8376.7 + 50^d.245 \cdot E$.

Max.	Gr.	E	$B-R$	Max.	Gr.	E	$B-R$
242 83 0	$13^m.6$	0	$-6^d.7$	242 9187	$13^m.4$	16	$+6^d.4$
8427	13.5	1	+0.1	9777	13.6	28	−6.6
8784	13.5	8	+5.3	9878	13.4	30	−6.0
8834	13.5	9	+5.1	243 0590	13.4	44	+2.5
9134	13.5	15	+3.6	0638	13.4	45	+0.3

Der Stern ist auf Kranz Ultra-Platten $0^m.4$ heller als auf Matter-Platten.

2256. 125.1937 Cyg Mira-Stern; $13^m.3$—[$16^m.3$.

$M = 242\ 8425 + 261^d \cdot E$.

Max.	Gr.	E	$B-R$	Max.	Gr.	E	$B-R$
242 8420	$13^m.3$	0	-5^d	242 9985	$13^m.3$	6	-6^d
8692	13.3	1	+ 6	243 0260	13.3	7	+ 8
9215	13.6	3	+ 7	0515	13.7	8	+ 2
9720	13.3	5	−10	1035	13.3	10	0

2257. 165.1940 Cyg Algol-Stern; $15^m.0$—$16^m.2$.

$m = 242\ 8285.505 + 2^d.50206 \cdot E$.

$D = 6^h$; $d = 0^h$.

Min.	Gr.	E	$B-R$
242 8285.565	$15^m.4$	0	$+0^d.060$
8395.489	15.4	44	−0.107
8778.465	15.8	197	+0.054
8783.451	15.9	199	+0.036
8813.389	15.8	211	−0.051
9216.267	16.2	372	−0.004
9231.256	15.8	378	−0.028
9431.472	[15.5	458	+0.024
9456.473	16.2	468	+0.004
9491.547	[15.6	482	+0.049
243 1030.318	15.8	1097	+0.053

2258. 166.1940 Cyg Bedeckungsveränderlicher; $13^m.7$—$14^m.1$.

Infolge der geringen Amplitude sind die Minima zu wenig sicher, um aus dem vorhandenen Beobachtungsmaterial eine Periode zu bestimmen. Vermutlich handelt es sich um einen β Lyrae-Stern mit einer Periode von ungefähr 2 Tagen. Der Stern ist weniger gerötet als die Vergleichsterne.

2259. 53.1939 Cyg Unregelmäßig; $12^{m}.0$—$13^{m}.0$.
Charakteristisch für den Lichtwechsel dieses Sterns ist das Auftreten von Folgen glatter Wellen, die meist die volle Amplitude des Lichtwechsels und Längen von 50^{d} bis 100^{d} haben. Eine Periode ist jedoch nicht bestimmbar. Stillstände sind nicht beobachtet worden. Der Stern ist gegenüber den Vergleichsternen nicht gefärbt.

2260. 126.1937 Unregelmäßig; $13^{m}.7$—$14^{m}.7$.
Der gegenüber den Vergleichsternen nicht merklich gefärbte Stern ändert seine Helligkeit häufig in Form kurzer Wellen von etwa 50^{d} Länge und $0^{m}.5$ Amplitude; dazwischen treten Wellen von mehr als 100^{d} Länge und der vollen Amplitude des Lichtwechsels auf. Stillstände wurden nicht beobachtet.

2261. 127.1937 Cyg μ Cephei-Stern; $13^{m}.0$—$14^{m}.0$.
Der Lichtwechsel dieses Sterns zeigt mehrfach Folgen von kurzen Wellen von etwa 50^{d} Dauer und $0^{m}.5$ bis $0^{m}.8$ Amplitude, die aber nicht dauernd eingehalten werden. Von 242 8250 bis 8430 ist er nahezu unveränderlich $13^{m}.5$. Der Stern ist rötlich und auf Matter-Platten $0^{m}.4$ schwächer als auf Kranz Ultra-Platten.

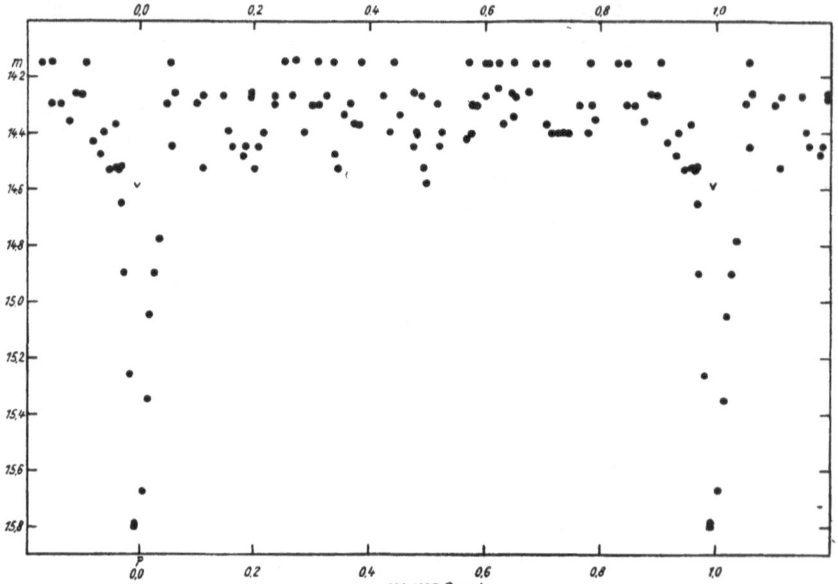

128.1937 Cygni

2262. 128.1937 Cyg Algol-Stern; $14^{m}.3$—$15^{m}.8$.

$m = 242\ 8428.344 + 7^{d}.2513 \cdot E$.
$D = 15^{h}.7$; $d = 0^{h}$.

Min.	Gr.	E	$B-R$
242 8428.444	$15^{m}.3$	0	$+0^{d}.100$
8783.451	14.9	49	-0.207

Min.	Gr.	E	$B-R$
242 8834.330	$15^m_.8$	56	$-0^d_.087$
9501.563	15.7	148	+0.027
9639.257	[14.6	167	−0.054
9878.454	15.3	200	−0.150
243 0531.486	14.8	290	+0.265
0705.358	15.0	314	+0.106
1002.474	15.8:	355	−0.082

Nebenminimum von $0^m_.15$ Tiefe leicht angedeutet.

2263. 167.1940 Cyg μ Cephei-Stern; $13^m_.5-14^m_.2$.
Es wurden einige Wellen von 150^d bis 200^d Länge und der vollen Amplitude des Lichtwechsels beobachtet sowie Stillstände im hellen Licht von 150^d bis 250^d Dauer. Auf MATTER-Platten $0^m_.3$ schwächer als auf KRANZ Ultra-Platten.

2264. 168.1940 Cyg Unregelmäßig; $14^m_.7-16^m_.2$.
Neben zwei gut ausgebildeten Maxima bei 242 8415 und 9130, bei denen An- und Abstieg um $1^m_.4$ je 70^d bis 100^d dauern, zeigt der Lichtwechsel dieses Sterns völlig regellosen Verlauf. Der Stern ist weniger rot als die Vergleichsterne und auf MATTER-Platten $0^m_.3$ bis $0^m_.4$ heller als auf KRANZ Ultra-Platten.

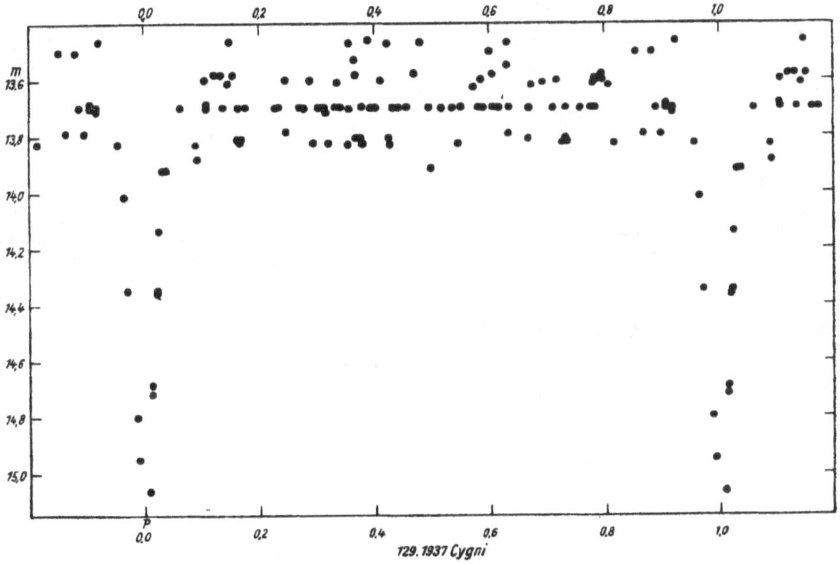

129.1937 Cygni

2265. 129.1937 Cyg Algol-Stern; $13^m_.7-15^m_.1$.
$m = 242\ 8038.435 + 3^d_.09235 \cdot E$.
$D = 6^h_.7$; $d = 0^h$.

Min.	Gr.	E	$B-R$
242 8038.460	$15^m_.06$	0	$+0^d_.025$
8069.324	14.95	10	−0.034

Min.	Gr.	*E*	*B–R*
242 9108.432	14$^{m}_{.}$72	346	+0$^{d}_{.}$044
9111.518	14.69	347	+0.038
9114.533	14.80	348	–0.040
9541.409	13.92	486	+0.092
9878.454	14.35	595	+0.071
243 0793.626	14.35	891	–0.093
0883.467	14.35	920	+0.070

2266. 169.1940 Cyg Unregelmäßig; 14$^{m}_{.}$3—15$^{m}_{.}$5.

Im allgemeinen herrschen langsame unregelmäßige Wellen vor. In zwei Fällen wurden Änderungen um 0$^{m}_{.}$5 innerhalb von weniger als 10^{d} beobachtet. Stillstände wurden nicht beobachtet. Der Stern zeigt keine merkbare Verfärbung.

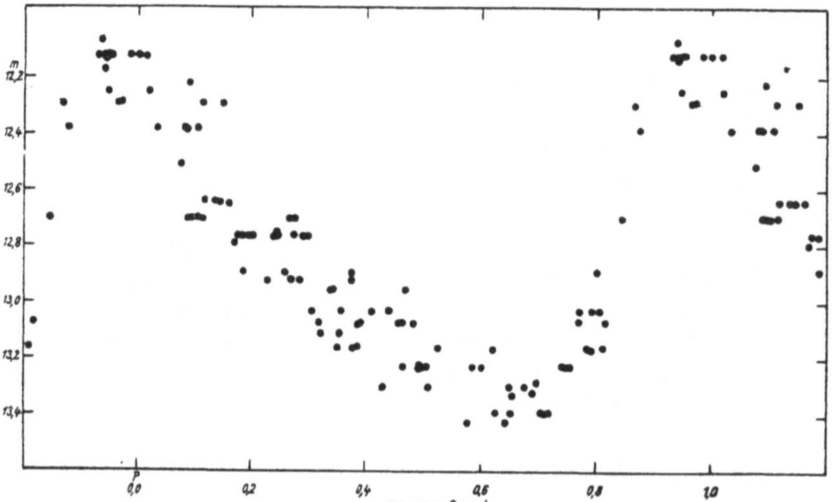

170 1940 Cygni

2267. 170.1940 Cyg *δ* Cephei-Stern; 12$^{m}_{.}$2—13$^{m}_{.}$3.

M=242 8038.665+5$^{d}_{.}$8645 · E.

$M-m$=1$^{d}_{.}$47.

Max.	Gr.	*E*	*B–R*
242 8038.5	12$^{m}_{.}$3	0	–0$^{d}_{.}$2
8127.3	12 3	15	+0.7
8314.5	12 4	47	+0.2
8425.4	12.1	66	–0.3
8636.6	12.1	102	–0.2
8778.5	12.3	126	+0.9
8783.5	12.1	127	0.0
8813.4	12.4	132	+0.6
8836.3	12.2	136	+0.1
8865.2	12.2	141	–0.4

Max.	Gr.	E	$B-R$
242 9111.5	12^m1	183	-0^d4
9134.5	12.3	187	−0.8
9158.4	12.1	191	−0.4
9170.4	12.1	193	−0.1
9193.3	12.1	197	−0.7
9627.2	12.2	271	−0.7
9639.3	12.1	273	−0.4
243 0378.3	12.1	399	−0.3
0578.5	12.4	433	+0.5
0847.4	12.1	479	−0.4
0883.5	12.2	485	+0.6

2268. 164. 1943 Cyg Unregelmäßig; 13^m9—15^m5.
Helligkeitsänderungen in Form von Wellen verschiedener Amplitude und Länge. Stillstände und rasche Änderungen wurden nicht beobachtet. Der Stern zeigt gegenüber den Vergleichsternen keine merkliche Verfärbung.

2269. 165.1934 Cyg μ Cephei-Stern; 13^m4—14^m7.
Es treten Folgen von Wellen von 0^m5 bis 0^m8 Amplitude und 30^d bis 50^d Länge, völlig regellose Wellen, ein Stillstand von 100^d bei 14^m0 und rasche Helligkeitsänderungen von 0^m4 bis 0^m6 innerhalb von 5^d bis 10^d auf.
Der Stern ist stark gefärbt. Er ist auf Kranz Ultra-Platten 2^m heller als auf Matter-Platten.

2270. 166.1943 Cyg Unregelmäßig; 14^m3—15^m6.
Abgesehen von einem Maximum, das die volle Amplitude des Lichtwechsels umschließt, zeigt der Stern nur langsame und flache Wellen. Keine stärkere Verfärbung gegenüber den Vergleichsternen.

2271. 171.1940 Cyg Mira-Stern; 13^m9—16^m1.
$M = 242\ 8365 + 184^d \cdot E$.

Max.	Gr.	E	$B-R$	Max.	Gr.	E	$B-R$
242 8370	14^m2	0	$+5^d$	243 0202	13^m9	10	-3^d
9460	14.1	6	−9	0945	14.0	14	+4
9650	13.9	7	−3				

2272. 167.1943 Cyg μ Cephei-Stern; 13^m2—14^m0.
Unregelmäßige, flache Wellen, die meist nicht die volle Amplitude des Lichtwechsels haben. Ohne längere Stillstände und raschere Helligkeitsänderungen. Auf Matter-Platten 0^m3 schwächer als auf Kranz Ultra-Platten.

2273. 130.1937 Cyg Mira-Stern; 14^m7—[16^m5.
$M = 242\ 8433 + 335^d \cdot E$.

Max.	Gr.	E	$B-R$	Max.	Gr.	E	$B-R$
242 8425	14^m6	0	-8^d	242 9420	14^m9	3	-18^d
8765	15.0	1	−3	9775	14.7	4	+2
9120	15.2	2	+17	243 0785	14.8	7	+7

Eine Halbierung der Periode ist nicht möglich.

2274. 172.1940 Cyg μ Cephei-Stern; $13^{m}.2$—$14^{m}.6$.
Der Lichtwechsel vollzieht sich durchweg in Wellen von 100^{d} bis 300^{d} Dauer und verschiedener Amplitude. Die Form der Wellen ist ziemlich regelmäßig. Rasche Helligkeitsänderungen und Stillstände von mehr als 100^{d} wurden nicht beobachtet. Der Stern ist auf MATTER-Platten $0^{m}.8$ schwächer als auf KRANZ Ultra-Platten.

2275. 173.1940 Cyg μ Cephei-Stern; $13^{m}.9$—$14^{m}.6$.
Der Lichtwechsel verläuft in Wellen verschiedener Länge, Amplitude und Form. Rasche Helligkeitsänderungen und längere Stillstände wurden nicht beobachtet. Der Stern ist auf MATTER-Platten $0^{m}.3$ schwächer als auf KRANZ Ultra-Platten.

2276. 174.1940 Cyg Unregelmäßig; $13^{m}.1$—$14^{m}.5$.
Der Lichtwechsel dieses gegenüber den Vergleichsternen nicht verfärbten Sterns verläuft ausschließlich in Form von Wellen von 100^{d} bis 200^{d} Dauer, die meist nahezu die volle Amplitude des Lichtwechsels haben, aber keine Periode einhalten.

2277. 131.1937 Cyg Algol-Stern; $12^{m}.8$—$13^{m}.6$.
$m = 242\,8047.469 + 0^{d}.760372 \cdot E$.
$D = 3^{h}.2$; $d = 0^{h}$.

Min.	Gr.	E	$B-R$
242 8047.469	$13^{m}.6$	0	$0^{d}.000$
9113.543	13.4	1402	+0.033
9116.544	13.6	1406	−0.008
9158.376	13.6	1461	+0.004
9161.455	13.5	1465	+0.041
9193.345	13.5	1507	−0.005
9424.510	13.6	1811	+0.007
9456.473	13.5	1853	+0.035
9500.529	13.4	1911	−0.011
9846.510	13.6	2366	+0.001
9878.454	13.5	2408	+0.009
243 0791.650	13.5	3609	−0.002
0820.527	13.5	3647	−0.019
0944.482	13.4	3810	−0.004
1030.418	13.4	3923	+0.010

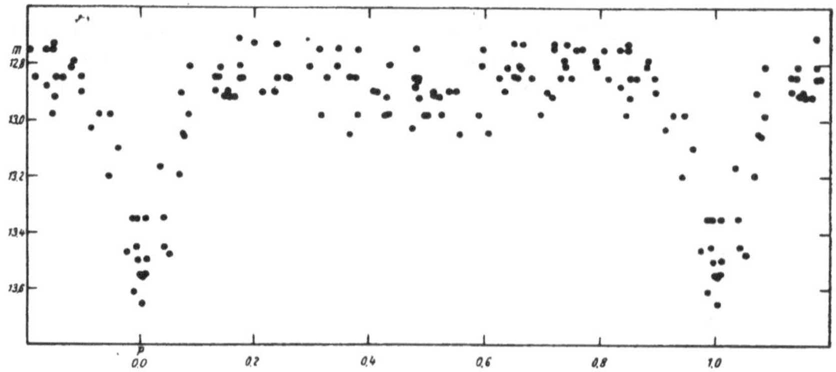

131 1937 Cygni

2278. **132.1937 Cyg** Mira-Stern; $13^{m}4$—[$16^{m}0$.

$M = 242\ 8015 + 387^{d} \cdot E.$

Max.	Gr.	E	B–R	Max.	Gr.	E	B–R
242 8020	$14^{m}0$	0	+ 5^{d}	242 9570	$13^{m}9$	4	+ 7^{d}
8400	13.9	1	− 2	243 0320	13.4	6	−17
8790	13.9	2	+ 1	0730	14.3	7	+ 6
9175	14.1	3	− 1				

Eine Halbierung der Periode ist nicht möglich. Die Minima liegen anscheinend nur wenig unter $16^{m}0$. Das sehr gut beobachtete Maximum E 3 weist auf beiden Plattenarten eine eigenartige Spitze auf, während die übrigen Maxima eine normale Form zeigen. Der Stern ist rot und auf MATTER-Platten $1^{m}0$ schwächer als auf KRANZ Ultra-Platten.

2279. **175.1940 Cyg** Unregelmäßig; $13^{m}6$—$15^{m}3$.

Die Helligkeitsänderungen erfolgen meist in Form sehr unregelmäßiger Wellen, doch wurde in einem Fall eine rasche Änderung in Form eines Abstieges um $0^{m}8$ in 7 Tagen beobachtet. Noch raschere Schwankungen sind nicht ganz sicher, aber sehr wahrscheinlich. Stillstände von längerer Dauer wurden nicht beobachtet. Der Stern ist gegenüber den Vergleichsternen schwach gefärbt.

2280. **133.1937 Cyg** μ Cephei-Stern; $13^{m}4$—$13^{m}9$.

Wellen von 50^{d} bis 100^{d} Dauer und Stillstände von 100^{d} bis 150^{d} Dauer charakterisieren den geringen Lichtwechsel dieses rötlichen Sterns.

2281. **134.1937 Cyg** Z Aquarii-Stern; $14^{m}2$—$15^{m}3$.

$M = 242\ 7973 + 222^{d} \cdot E.$

Max.	Gr.	E	B–R	Max.	Gr.	E	B–R
242 7975	$14^{m}2$	0	+ 2^{d}	242 9965	$14^{m}3$	9	− 6^{d}
8415	14.2	2	− 2	243 0165	14.2	10	−28
8865	14.5	4	+ 4	0380	14.3	11	−35
9080	14.3	5	− 3	0675	14.4	12	+38
9535	14.3	7	+ 8	0875	14.3	13	+16
9760	14.3	8	+11	1075	14.3	14	− 6

Der Stern ist gegenüber den Vergleichsternen nicht verfärbt.

2282. **135.1937 Cyg** δ Cephei-Stern; $14^{m}6$—$15^{m}6$.

$M = 242\ 7960.073 + 3^{d}53067 \cdot E.$

$M - m = 1^{d}24.$

Max.	Gr.	E	B–R
242 7960.451	$14^{m}64$	0	$+0^{d}378$
8069.324	14.55	31	−0.200
8369.515	14.72	116	−0.116
8779.464	14.67	232	+0.276
9114.533	14.67	327	−0.069
9365.556	14.69	398	+0.276
9965.292	14.62	568	−0.202

Max.	Gr.	E	$B-R$
243 0258.427	14^m72	651	-0^d112
0265.431	14.55	653	−0.169
0590.519	14.55	745	+0.097
0661.264	14.64	765	+0.228
0791.650	14.55	802	−0.020
0883.467	14.64	828	−0.001
1003.408	14.69	862	−0.103
1028.389	14.62	869	+0.164
1074.244	14.55	882	+0.120

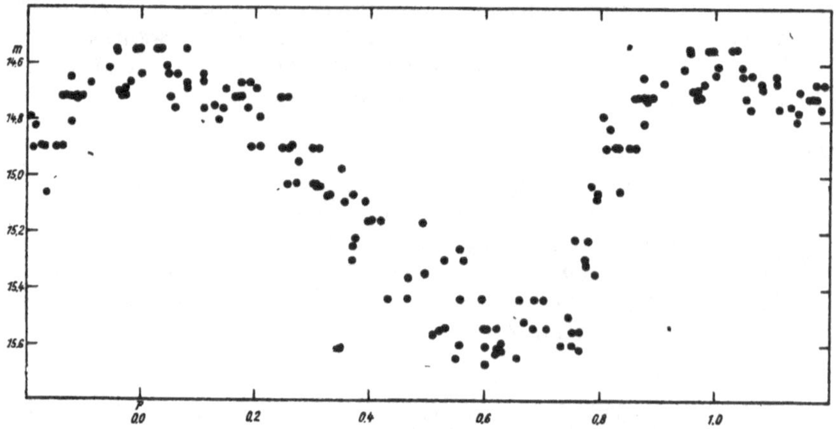

135. 1937 Cygni

2283. 176.1940 Cyg μ Cephei-Stern; 9^m7—10^m5.
Der als Algol-Stern angezeigte Veränderliche erweist sich ziemlich sicher als langsam veränderlich. Es wurden einige Stillstände und raschere Änderungen von 0^m4 innerhalb von 5 bis 10 Tagen beobachtet. Im allgemeinen jedoch erfolgt der Lichtwechsel in Form flacher langer Wellen. Schätzungen des Sterns auf Überwachungsplatten bestätigen diesen Befund. Der Stern ist rötlich.

2284. 177.1940 Cyg Z Aquarii-Stern; 14^m0—15^m2.
$M = 242\ 7952 + 244^d \cdot E$.

Max.	Gr.	E	$B-R$	Max.	Gr.	E	$B-R$
242 7960	14^m3	0	$+8^d$	242 9910	14^m2	8	$+6^d$
9170	14.0	5	− 2	243 0395	14.1	10	+ 3
9400	14.2	6	−16	0650	14.3	11	+14
9650	14.2	7	−10	0880	14.3	12	0

Der Stern zeigt gegenüber den Vergleichsternen keine Verfärbung. In der Nähe des Maximums E 5 treten stärkere Unregelmäßigkeiten auf.

2285. 136.1937 Cyg Langperiodisch; 14^m8—15^m9.
Die Helligkeit dieses roten Sterns ändert sich in Form sehr langer Wellen, die mit einiger Unsicherheit auf die Form $M = 242\ 8000 + 575^d \cdot E$ zu bringen sind.

Die angegebenen Größen beziehen sich auf die Gesamthelligkeit des Veränderlichen und eines eng benachbarten Sterns, von dem der Veränderliche auf den Platten der 170 mm-Kamera nicht zu trennen ist; auch auf den meisten Platten des 400 mm-Astrographen verschmelzen die Bilder beider Sterne zu einem diffusen Fleck, so daß die Schätzungen unsicher sind.

2286. 178.1940 Cyg Mira-Stern; $13^m.6$—16^m3.

$M = 242\ 8440 + 308^d \cdot E$.

Max.	Gr.	E	$B-R$	Max.	Gr.	E	$B-R$
242 8440	$14^m.6$	0	0^d	243 0290	$15^m.1$	6	$+2^d$
9365	14.3	3	+1	0608	13.8	7	+12
9965	13.6	5	−15	0910	13.7	8	+6

2287. 179.1940 Cyg μ Cephei-Stern; 14^m5—$15^m.1$.

Der geringe Lichtwechsel dieses rötlichen Sterns vollzieht sich meist in Form kürzerer Wellen. Außerdem zeigen die Beobachtungen einen Stillstand von 180^d Dauer und eine rasche Helligkeitsänderung um $0^m.5$ in 3^d.

2288. 180.1940 Cyg Unregelmäßig; $14^m.3$—15^m3.

Der gegenüber den Vergleichsternen nicht verfärbte Stern ändert seine Helligkeit in Form mittellanger Wellen. Zeitweilig ist eine Periode von ungefähr 120^d angedeutet. Stillstände und raschere Helligkeitsänderungen wurden nicht beobachtet.

2289. 181.1940 Cyg Unregelmäßig; $13^m.1$—$13^m.7$.

Der geringe Lichtwechsel des schwach rötlichen Sterns vollzieht sich in Form langer, unregelmäßiger Wellen.

2290. V 410 Cyg Mira-Stern; $11^m.0$—$14^m.4$.

$M = 242\ 8249 + 435^d \cdot E$.

Max.	Gr.	E	$B-R$	Max.	Gr.	E	$B-R$
242 8245	$12^m.5$	0	-4^d	242 9975	$12^m.8$	4	-14^d
8690	12.8	1	+6	243 0445	13.1	5	+21
9102	11.0	2	−17	0845	12.3	6	−14
9575	13.2	3	+21				

Der Stern ist gegenüber den Vergleichsternen nicht verfärbt. Eine Halbierung der Periode ist nicht möglich. Das Maximum E 2 ist dicht beobachtet und zeigt eine sehr spitze Form. Die übrigen Maxima sind anscheinend stumpfer und flacher.

2291. 182.1940 Cyg Mira-Stern; 13^m3—16^m0.

$M = 242\ 7945 + 344^d \cdot E$.

Max.	Gr.	E	$B-R$
242 7950	$14^m.0$	0	$+5^d$
8275	13.5	1	−14
8635	13.3	2	+2

Weiter liegen Beobachtungen der Auf- und Abstiege der Maxima E 3 bis 9 vor, die die angegebenen Elemente bestätigen.

2292. 183.1940 Cyg Algol-Stern; $14^m_.2$—$15^m_.3$.

$m = 242\ 7960.471 + 1^d_.024865 \cdot E.$

$D = 2^h_.5, \quad d = 0^h_.$

Min.	Gr.	*E*	*B—R*
242 7960.451	$15^m_.2$	0	$-0^d_.020$
8253.604	15.1	286	+0.022
8783.451	15.3	803	+0.013
8784.451	15.3	804	—0.011
9112.455	15.1	1124	+0.036
9116.544	15.3	1128	+0.025
9193.345	14.8	1203	—0.039
9194.397	15.3	1204	—0.011
9365.556	15.2	1371	—0.005
9400.417	15.4	1405	+0.011
9401.479	14.5	1406	+0.048
9641.265	15.2	1640	+0.015
243 0638.417	14.8	2613	—0.026
0847.520	15.3	2817	+0.004

Es handelt sich zweifellos um einen Algol-Stern. Dadurch, daß die Periode ungefähr einen Tag beträgt, entstand bei der Entdeckung der Eindruck der langsamen Veränderlichkeit.

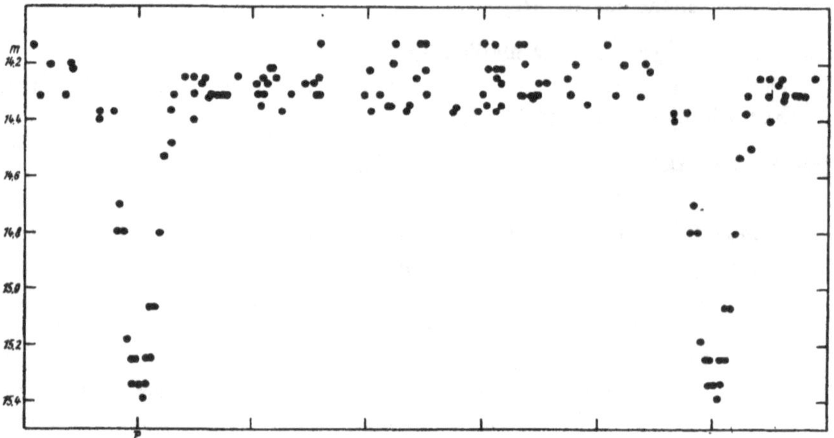

183.1940 Cygni

2293. 184.1940 Cyg Algol-Stern; $11^m_.8$—$13^m_.1$.

$m = 242\ 8038.470 + 3^d_.76461 \cdot E.$

$D = 6^h_.8, \quad d = 0^h_.$

Min.	Gr.	*E*	*B—R*
242 8038.460	$13^m_.2$	0	$-0^d_.010$
8422.431	13.0	102	—0.029
9431.472	12.4	370	+0.096
9491.547	13.1	386	—0.062
9627.227	12.9	422	+0.092

Min.	Gr.	E	$B-R$
243 0613.466	$13^m.1$	684	$+0^d.003$
0820.527	13.0	739	+0.010

Sekundäres Minimum von $0^m.15$ Tiefe angedeutet.

2294. 185.1940 Cyg Z Aquarii-Stern; $14^m.2$—$15^m.4$.
$M = 242\,7967 + 312^d \cdot E.$

Max.	Gr.	E	$B-R$	Max.	Gr.	E	$B-R$
242 7965	$14^m.3$	0	-2^d	243 0475	$14^m.5$	8	$+12^d$
8275	14.2	1	−4	0780	14.3	9	+5
9515	14.2	5	−12	1080	14.3	10	−7
243 0160	14.6	7	+9				

Der Stern ist gegenüber den Vergleichsternen nicht merklich verfärbt.

2295. 168.1943 Cyg Z Aquarii-Stern; $13^m.6$—$15^m.2$.
$M = 242\,8065 + 359^d \cdot E.$

Max.	Gr.	E	$B-R$	Max.	Gr.	E	$B-R$
242 8400	$13^m.6$	1	-24^d	242 9875	$13^m.7$	5	$+15^d$
9175	14.3	3	+33	243 0615	13.9	7	+37
9450	13.6	4	−51				

Der Stern ist gegenüber den Vergleichsternen nicht merklich verfärbt.

2296. 186.1940 Cyg Langperiodisch; $13^m.6$—$15^m.5$.
$M = 242\,8080 + 314^d \cdot E.$

Max.	Gr.	E	$B-R$	Max.	Gr.	E	$B-R$
242 8070	$13^m.9$	0	-10^d	243 0290	$13^m.9$	7	$+12^d$
8415	13.6	1	+21	0590	14.2	8	−2
9640	13.7	5	−10	0895	14.3	9	−11

Der Stern ist gegenüber den Vergleichsternen nicht merklich verfärbt.

2297. 187.1940 Cyg Algol-Stern; $14^m.9$—$16^m.1$.
$m = 242\,8422.401 + 4^d.19304 \cdot E.$
$D = 10^h.0;\ d = 0^h.$

Min.	Gr.	E	$B-R$
242 8422.431	$16^m.10$	0	$+0^d.030$
9135.411	15.14	170	+0.193
9143.490	15.50	172	−0.114
9244.250	16.15	196	+0.013
9424.516	16.05	239	−0.022
9466.456	16.10	249	−0.012
9491.547	16.05	255	−0.079
9571.359	16.10	274	+0.065
243 0791.650	15.25	565	+0.181
1030.418	16.00	622	−0.054

2298. 169.1943 Cyg Mira-Stern; $12^m.8$—$16^m.5$.

$M = 242\,7980 + 322^d \cdot E.$

Max.	Gr.	E	$B-R$	Max.	Gr.	E	$B-R$
242 7980	$13^m.8$	0	0^d	242 9590	$13^m.8$	5	0^d
8310	14.1	1	+ 8	243 0245	13.4	7	+11
9245	14.7	4	−23	0885	12.8	9	+ 7

2299. V 411 Cyg Mira-Stern; $14^m.0$—$16^m.0$.

$M = 242\,1075 + 321^d \cdot E.$

Bei Berechnung der Elemente wurde das von WOLF in A. N. 5007 mitgeteilte Maximum 242 1075 mitbenutzt.

Max.	Gr.	E	$B-R$	Max.	Gr.	E	$B-R$
242 1075	$14^m.0$	0	0^d	242 9415	$14^m.2$	26	-6^d
8785	14.1	24	+ 6	9740	—	27	− 2
9100	14.2	25	0	243 1025	14.4	31	− 1

2300. 137.1937 Cyg μ Cephei-Stern; $13^m.9$—$15^m.7$.

Der Lichtwechsel dieses sehr roten Sterns ist durch lange Wellen von 200^d bis 450^d Dauer von wechselnder Form und Amplitude charakterisiert. Rasche Helligkeitsänderungen und Stillstände von mehr als 150^d Dauer wurden nicht beobachtet. Der Stern ist auf MATTER-Platten $1^m.8$ schwächer als auf KRANZ Ultra-Platten.

2301. 188.1940 Cyg Algol-Stern; $13^m.9$—$15^m.2$.

$m = 242\,7978.264 + 4^d.32922 \cdot E.$

$D = 11^h.4;\ d = 0^h.$

Min.	Gr.	E	$B-R$
242 7978.454	$14^m.5$	0	$+0^d.190$
8047.469	14.8	16	−0.063
8069.324	14.7	21	+0.146
8783.451	14.8	186	−0.048
9112.455	15.1	262	−0.065
9112.538	15.2	262	+0.018
9493.537	15.3	350	+0.046
9571.359	14.8	368	−0.058
243 0164.465	14.8	505	−0.055
1030.418	15.2	705	+0.054

2302. 138.1937 Cyg Mira-Stern; $13^m.0$—[$16^m.5$.

$M = 242\,8277 + 420^d \cdot E.$

Max.	Gr.	E	$B-R$	Max.	Gr.	E	$B-R$
242 8285	$13^m.5$	0	$+ 8^d$	242 9530	$15^m.1$	3	-7^d
8690	14.1	1	− 7	9975	14.3	4	+18
9105	13.0	2	−12	243 0795	14.6	6	− 2

2303. 170.1943 Cyg Algol-Stern; $13^m.1$—$13^m.6$.

$m = 242\ 8344.442 + 1^d.242052 \cdot E$.

$D = 4^h.5$; $d = 1^h.5$.

Miu.	Gr.	E	$B-R$
242 8344.467	13^m6	0	$+0^d.025$
8836.343	13.4	396	+0.048
9078.477	13.5	591	−0.018
9109.525	13.4	616	−0.021
9114.533	13.5	620	+0.019
9170.425	13.5	665	+0.018
9231.256	13.4	714	−0.011
9401.479	13.4	851	+0.051
9514.426	13.4	942	−0.029
9965.292	13.4	1305	−0 028
243 0258 427	13.6	1541	−0.017
0582.604	13.5	1802	−0.016
0587.510	13.4	1806	−0.078
1002.474	13.6	2140	+0.041

Die Beobachtungsgenauigkeit leidet unter der randnahen Lage des Sterns.

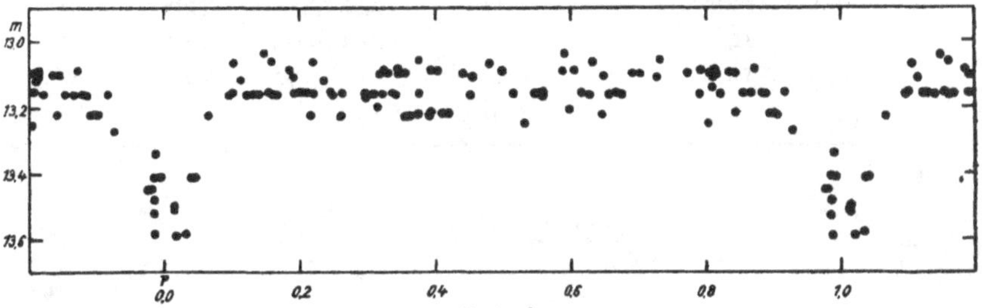

170.1943 Cygni

2304. 139.1937 Cyg Mira-Stern; $15^m.0$—$[16^m.2$.

$M = 242\ 7940 + 255^d \cdot E$.

Max.	Gr.	E	$B-R$	Max.	Gr.	E	$B-R$
242 7950	15^m6	0	$+10^d$	242 9705	14^m5	7	-20^d
8430	15.5	2	−20	243 0260	15.1	9	+25
9200	14.9	5	−15	1010	15.1	12	+10
9470	15.2	6	0				

2305. 140.1937 Cyg Mira-Stern; $15^m.3$—$[16^m.3$.

$M = 242\ 7965 + 236^d \cdot E$.

Max.	Gr.	E	$B-R$
242 7960	15^m4	0	-5^d
8430	15.3	2	−7
9160	15.9	5	+15
243 1030	15.7	13	−3

Infolge der geringen Zahl der beobachteten Maxima bleiben die Elemente dieses Sterns etwas unsicher.

2306. 141.1937 Cyg Mira-Stern; $13^m_.3$–16^m4.

$M = 242\ 8440 + 153^d_.5 \cdot E$.

Max.	Gr.	E	B–R	Max.	Gr.	E	B–R
242 8430	$13^m_.7$	0	$-10^d_.0$	242 9980	13^m3	10	$+5^d_.0$
9050	13.3	4	− 4.0	243 0290	13.3	12	+ 8.0
9215	14.0	5	+ 7.5	0590	13.3	14	+ 1.0
9365	13.3	6	+ 4.0	0885	13.9	16	−11.0
9515	14.1	7	+ 0.5				

Die Höhe der Maxima ist anscheinend alternierend $13^m_.3$ und $14^m_.0$.

2307. 171.1943 Cyg Unregelmäßig; $12^m_.4$—$13^m_.3$.

Der Lichtwechsel erfolgt in völlig regellosen Wellen wechselnder Länge, Form und Amplitude. Stillstände und raschere Helligkeitsänderungen wurden nicht beobachtet. Der Stern ist gegenüber den Vergleichsternen schwach gerötet.

2308. 172.1943 Cyg Mira-Stern; $12^m_.3$—$16^m_.3$.

$M = 242\ 7944 + 324^d \cdot E$.

Max.	Gr.	E	B–R	Max.	Gr.	E	B–R
242 7960	$12^m_.7$	0	+16	242 9880	$12^m_.7$	6	-8^d
8260	12.3	1	− 8	243 0200	12.7	7	−12
9230	12.6	4	−10	0550	12.5	8	+14
9570	12.8	5	+ 6				

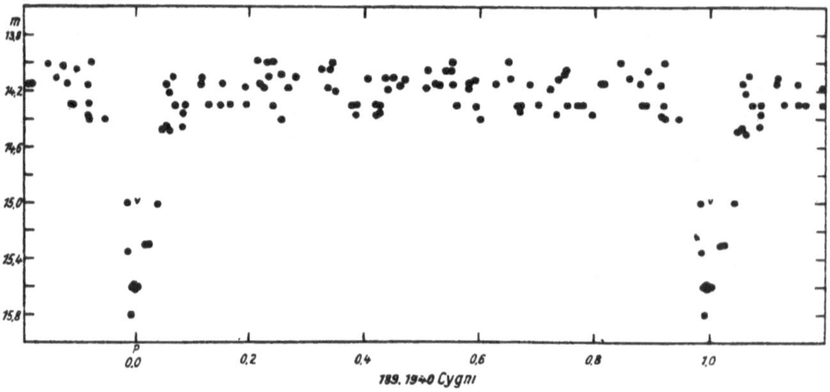

189. 1940 Cygni

2309. 189.1940 Cyg Algol-Stern; $14^m_.1$—$15^m_.6$.

$m = 242\ 7953.521 + 1^d_.55684 \cdot E$.

$D = 4^h_.7$; $d = 0^h$.

Min.	Gr.	E	B–R
242 7953.504	$15^m_.8$	0	$-0^d_.017$
7978.454	15.3	16	+0.024
9102.443	15.4	738	−0.026
9130.476	15.6	756	−0.016
9169.407	15.6	781	−0.006

Min.	Gr.	E	$B-R$
243 0265.431	[15^{m}.0	1485	+0^{d}.003
0791.650	15.6	1823	+0.010
0883.467	15.0	1882	−0.027
0908.464	15.0	1898	+0.061
0939.530	15.6	1918	−0.010
1003.408	15.3	1959	+0.037

2310. 142.1937 Cyg Unregelmäßig; 13^{m}.5—14^{m}.4.

Der Lichtwechsel dieses rötlichen Sterns erfolgt in Form von Wellen wechselnder Kurvenform und Amplitude, deren Länge 150^{d} bis 300^{d} beträgt. Eventuell Z Aquarii-Stern mit stärkeren Unregelmäßigkeiten.

2311. 190.1940 Cyg Algol-Stern; 14^{m}.7—15^{m}.6.

$m = 242\ 7983.466 + 2^{d}.29184 \cdot E.$

$D = 5^{h}.0;\ d = 0^{h}.$

Min.	Gr.	E	$B-R$
242 7983.471	15^{m}.4	0	+0^{d}.005
8038.460	15.5	24	−0.010
9051.438	15.5	466	−0.025
9161.455	15.6	514	−0.017
9168.409	15.2	517	+0.062
9491.547	15.4	658	+0.050
9514.426	15.6	668	+0.011
9553.374	15.4	685	−0.002
243 0873.460	15.4	1261	−0.016

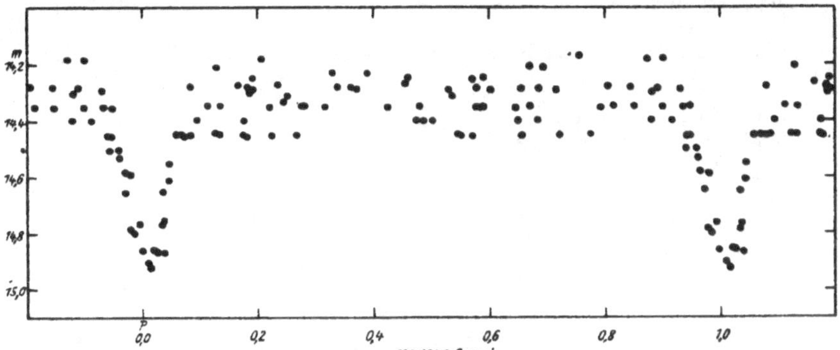

191.1940 Cygni

2312. 191.1940 Cyg Algol-Stern; 14^{m}.3—14^{m}.9.

$m = 242\ 8834.230 + 2^{d}.96074 \cdot E.$

$D = 12^{h}.0;\ d = 0^{h}.$

Min.	Gr.	E	$B-R$
242 8834.330	14^{m}.8	0	+0^{d}.100
9112.538	14.9	94	−0.002
9112.455	14.7	94	−.0085
9491.547	14.9	222	+0.033
9571.359	14.6	249	−0.095

Min.	Gr.	E	$B-R$
242 9876.454	$14^m\!.9$	352	$+0^d\!.044$
9965.292	14.9	382	+0.059
243 0258.427	14.9	481	+0.081
0613.466	14.5	601	−0.169
0705.358	14.8	632	−0.060
0847.520	14.8	680	−0.013

2313. V 412 Cyg Mira-Stern; $15^m\!.0$—[$16^m\!.5$.

$M = 242\ 7970 + 425^d \cdot E.$

Max.	Gr.	E	$B-R$	Max.	Gr.	E	$B-R$
242 7970	$15^m\!.0$	0	0^d	242 9245	$15^m\!.5$	3	0^d
8395	15.3	1	0	243 0940	15.1	7	−5
8815	15.2	2	−5				

2314. 192.1940 Cyg Algol-Stern; $14^m\!.3$—$15^m\!.1$.

Die Elemente $m = 242\ 5911.530 + 3^d\!.40429$ stellen die allerdings wegen randnaher Lage des Sterns etwas unsicheren Beobachtungen widerspruchsfrei dar. $D = 8^h\!.2$, $d = 0^h$.

2315. 193.1940 Cyg Unregelmäßig; $12^m\!.9$—$13^m\!.6$.

Unregelmäßige Helligkeitsänderungen in Form von Wellen wechselnder Länge, Kurvenform und Amplitude. Rasche An- und Abstiege um die volle Amplitude der Veränderlichkeit innerhalb weniger Tage. Stillstände wurden nicht beobachtet.

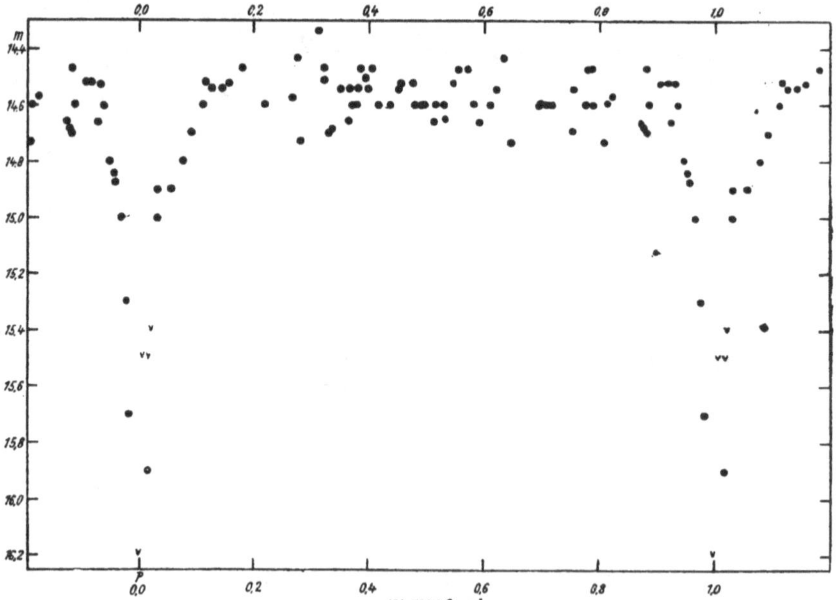

194. 1940 Cygni

2316. 194.1940 Cyg Algol-Stern; 14^m5—[16^m2.

$m = 242\ 5504.523 + 4^d65132 \cdot E$.

$D = 16^h7$, $d = 0^h$.

Min.	Gr.	E	$B-R$
242 5504.583	[15^m5	0	$+0^d060$
5532.335	15.7	6	−0.096
7960.451	[15.5	528	+0.031
8397.479	15.0	622	−0.165
8425.438	15.3	628	−0.114
9216.267	[16.2	798	−0.009
9244.250	15.9	804	+0.066
9965.292	14.9	959	+0.153
243 0258.427	14.9	1022	+0.255
1002.474	[15.4	1182	+0.091
1030.418	15.0	1188	+0.127

2317. 143.1937 Cyg RR Lyrae-Stern; 14^m5—15^m6.

$M = 242\ 5243.341 + 0^d540964 \cdot E$.

Typus RRb, $M-m = 0^d12$.

Max.	Gr.	E	$B-R$
242 5243.361	14^m6	0	$+0^d020$
5503.529	14.6	481	−0.016
5645.281	14.5	743	+0.004
6209.484	14.6	1786	−0.019
7978.454	14.4	5056	−0.001
9491.547	14.6	7853	+0.016
243 0164.465	14.5	9097	−0.026
0787.653	14.5	10249	−0.028
1002.474	14.6	10646	+0.030
1327.542	14.5	11247	−0.021

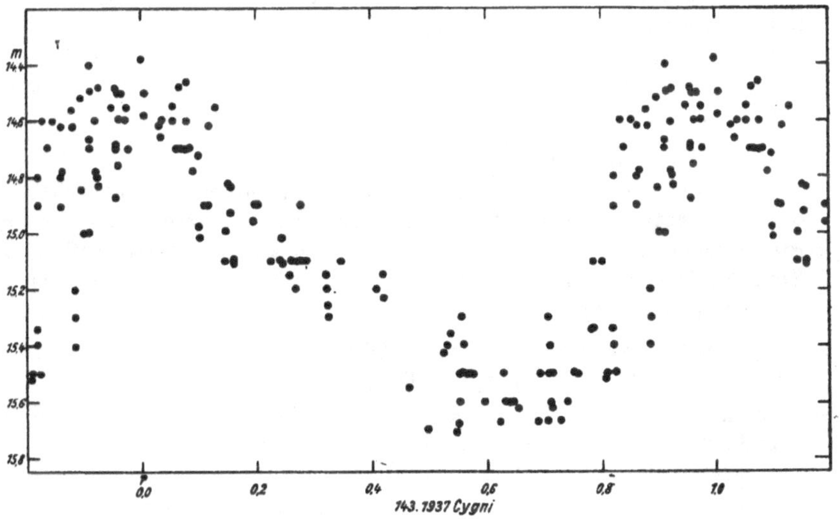

2318. 195.1940 Cyg Unregelmäßig; $12\overset{m}{.}9$—$13\overset{m}{.}8$.

Der Lichtwechsel erfolgt meist in langen, flachen Wellen geringer Amplitude. Gelegentlich treten raschere Änderungen um $0\overset{m}{.}5$ innerhalb weniger Tage auf. Die Beobachtungen sind wegen randnaher Lage des Sterns etwas unsicher. Die Angaben beziehen sich auf das Gesamtlicht des Veränderlichen und eines eng benachbarten Sterns. Keine merkliche Verfärbung gegenüber den Vergleichsternen.

2319. S 4540 Cyg Mira-Stern; $14\overset{m}{.}8$—$16\overset{m}{.}8$.
$M = 242\,8123 + 322^{d} \cdot E.$

Max.	Gr.	*E*	*B–R*	Max.	Gr.	*E*	*B–R*
242 8105	$15\overset{m}{.}2$	0	-18^{d}	242 9100	$14\overset{m}{.}8$	3	$+11^{d}$
8460	15.2	1	+15	243 0380	15.6	7	+ 3
8780	14.9	2	+13	1000	14.9	9	–21

2320. S 4541 Cyg RW Aurigae-Stern; $12\overset{m}{.}7$—$14\overset{m}{.}2$.

Als rascheste Helligkeitsänderung wurden $0\overset{m}{.}7$ in 1^{d} beobachtet. Neben sehr häufigen Schwankungen um $0\overset{m}{.}5$ bis $1\overset{m}{.}0$ innerhalb von 5^{d} bis 10^{d} zeigt die Lichtkurve einige langsame Wellen. In drei Fällen wurden Stillstände von 75^{d} bis 100^{d} Dauer bei $13\overset{m}{.}5$ beobachtet. Der Stern ist auf Kranz Ultra-Platten $0\overset{m}{.}3$ heller als auf Matter-Platten. Er wird von Hoffmeister visuell überwacht.

2321. S 4542 Cyg μ Cephei-Stern; $11\overset{m}{.}4$—$12\overset{m}{.}4$.

Charakteristisch für die Lichtkurve dieses rötlichen Sterns sind Wellen von 50^{d} bis 150^{d} Länge und einer Amplitude von $0\overset{m}{.}5$ bis $0\overset{m}{.}7$. In der Zeit von 242 9410 bis 9910 ist die Helligkeit nahezu unveränderlich $11\overset{m}{.}9$. Rasche Helligkeitsänderungen wurden nicht beobachtet. Der Stern ist auf Kranz Ultra-Platten $0\overset{m}{.}7$ heller als auf Matter-Platten.

2322. S 4543 Cyg Unveränderlich; $10\overset{m}{.}8$.

Als Extremwerte für die Helligkeit dieses Sterns wurden durch Schätzungen auf 200 Platten $10\overset{m}{.}67$ und $10\overset{m}{.}94$ gefunden.
Visuelle Beobachtungen von Hoffmeister ergaben eine Amplitude von $0\overset{m}{.}15$. Danach ist dieser Stern wohl vorerst als unveränderlich anzusehen. Der Stern ist gegenüber den Vergleichsternen nicht verfärbt.

2323. S 4544 Cyg Algol-Stern; $14\overset{m}{.}6$—$15\overset{m}{.}9$.

Der Stern ist nicht sicher zu beurteilen, da ein südlich folgender Stern $13\overset{m}{.}5$ die Beobachtungen erschwert. Auf den Triplet-Platten sind die beiden Sterne nicht zu trennen. Auf den Platten des 400 mm-Astrographen ist der Veränderliche mit Ausnahme einer Platte $14\overset{m}{.}6$. 243 1030.418 ist seine Helligkeit nur $15\overset{m}{.}9$.

2324. S 4545 Cyg Mira-Stern; $14\overset{m}{.}9$—[$16\overset{m}{.}5$.
$M = 242\,8225 + 331^{d} \cdot E.$

Max.	Gr.	*E*	*B–R*	Max.	Gr.	*E*	*B–R*
242 8245	$15\overset{m}{.}5$	0	$+20^{d}$	242 9550	$15\overset{m}{.}0$	4	$+ 1^{d}$
8865	15.7	2	–22	9890	15.2	5	+10
9215	14.9	3	– 3	243 0530	15.7	7	+12

2325. S 4546 Cyg μ Cephei-Stern; $11^{m}0$—$11^{m}5$.
Langsamer geringer Lichtwechsel in Form unregelmäßiger Wellen. Der Stern ist rot.

2326. S 4547 Cyg Mira-Stern; $13^{m}9$—[$16^{m}3$.
$M = 242\,8468 + 286^{d} \cdot E$.

Max.	Gr.	E	B—R	Max.	Gr.	E	B—R
242 8460	$13^{m}9$	0	-8^{d}	242 9615	$14^{m}6$	4	$+3^{d}$
8755	14.9	1	+1	243 1050	14.6	9	+8
9045	13.9	2	+5	1330	13.9	10	+2

2327. S 4548 Cyg Langsam veränderlich; $13^{m}6$—$14^{m}3$.
Der Stern ist schwierig zu beobachten, da sein Bild auf den meisten Platten mit dem eines nördlich vorausgehenden Sterns $13^{m}5$ zusammenfließt. Die Veränderlichkeit ist jedoch erwiesen. Die wenigen sicheren Beobachtungen sprechen für eine Periode von 140^{d} bis 200^{d}.

2328. S 4549 Cyg Algol-Stern; $13^{m}5$—$14^{m}9$.
Es wurden folgende Minima beobachtet:

242 9500.529	$14^{m}5$	242 0378.257	$14^{m}0$
9501.563	14.9	0731.240	14.0:
243 0321.347	14.5		

Infolge der geringen Zahl der beobachteten Minima war es nicht möglich, eine Periode zu bestimmen. Wahrscheinlich beträgt die Periode ungefähr einen Tag oder einen Bruchteil eines Tages, da Perioden von mehr als 10 Tagen, die erforderlich wären, um zu erklären, daß die ersten beiden Beobachtungen im schwachen Licht demselben Minimum angehören den übrigen Beobachtungen widersprechen.

2329. S 4550 Cyg Langsam veränderlich; $14^{m}7$—$15^{m}9$.
Es wurden mehrfach Wellen von $0^{m}8$ bis $1^{m}0$ Amplitude und einer Länge von 100^{d} bis 110^{d} beobachtet. Die Zahl der Beobachtungen ist jedoch zu gering, um zu bestimmen, ob eine Periode von 100^{d} bis 110^{d} wirklich durchgehalten wird. Der Stern ist gegenüber den Vergleichsternen nicht verfärbt.

2330. S 4551 Cyg Algol-Stern; $13^{m}0$—$13^{m}8$.
$m = 242\,9078.487 + 1^{d}.497998 \cdot E$.

Min.	Gr.	E	B—R
242 9078.477	$13^{m}6$	0	$-0^{d}.010$
9102.443	13.7	16	−0.012
9108.432	13.5	20	−0.015
9135.411	13.8	38	0.000
9165.332	13.7	58	−0.039
9216.267	13.8	92	−0.036
9424.510	13.7	231	−0.015
9514.426	13.8	291	+0.022
9553.374	13.8	317	+0.022
9571.359	13.5	329	+0.031
243 1003.408	13.5	1285	−0.006
1030.418	13.6	1303	−0.070

Da der Stern außerhalb des eigentlichen Feldes liegt und auch auf Nachbarfeldern nicht zu beobachten ist, standen nur 35 Platten für die Prüfung der angegebenen Elemente zur Verfügung. Nachträgliche visuelle Beobachtungen von HOFFMEISTER zeigten, daß der Stern eine visuelle Amplitude von $0^m.3$ hat und bestätigten die angegebenen Elemente durch zwei weitere Minima: 2823.511 und 2835.491.

2331. S 4552 Cyg Mira-Stern; $13^m.8$—[$16^m.0$.
M=242 9205+$373^d \cdot E$.

Max.	Gr.	E	$B-R$	Max.	Gr.	E	$B-R$
242 9205	$13^m.8$	0	0^d	243 0380	$15^m.2$	3	$+56^d$
9560	14.2	1	−18	1075	15.2	5	+ 5

Infolge der geringen Zahl der Beobachtungen bleiben die angegebenen Elemente etwas unsicher. Eine Halbierung der Periode ist nicht unmöglich. Maximum E 0 und E 1 sind durch mehrere Beobachtungen belegt. Von Maximum E 3 und E 5 liegen nur je eine Beobachtung vor.

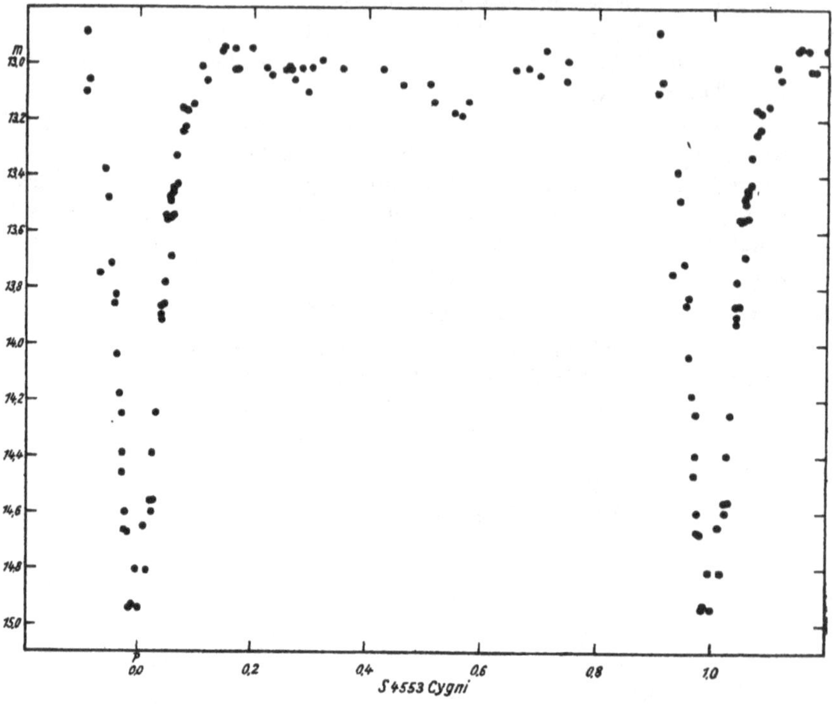

2332. S 4553 Cyg Algol-Stern; $13^m.0$—$15^m.0$.
m=242 9135.346+$1^d.326655 \cdot E$.
$D=6^h.4$; $d={}^h0$.

Min.	Gr.	E	$B-R$
242 9135.411	$13^m.9$	0	$+0^d.065$
9216.267	14.8	61	−0.005

Min.	Gr.	E	$B-R$
242 9424.510	$13^{m}7$	218	$-0^{d}047$
9456.473	13.7	242	+0.076
9501.563	14.1	276	+0.060
243 1076.277	14.7	1463	+0.035
2823.459	14.7	2780	+0.012
2827.409	15.0	2783	−0.018
2831.386	14.9	2786	−0.021
2835.399	15.0	2789	+0.012

Die letzten vier der angegebenen Minima wurden visuell von Hoffmeister beobachtet. Der Lichtkurve wurden gleichfalls die visuellen Beobachtungen von Hoffmeister zugrunde gelegt.

2333. **S 4554 Cyg** W Ursae-majoris-Stern; $12^{m}6-13^{m}0$.

$m_1 = 242\ 7955.138 + 0^{d}651650 \cdot E$.

$A_1 = 0^{m}40$; $A_2 = 0^{m}35$.

Min.	E	$B-R$	Min.	E	$B-R$
242 7955.439	0.5	$-0^{d}025$	243 0378.257	3718.5	$-0^{d}042$
7983.471	43.5	−0.014	0516.451	3930.5	+0.003
8285.565	507	+0.040	0587.510	4039.5	+0.032
8344.467	597.5	−0.032	1074.244	4786.5	−0.017
8404.461	689.5	+0.010	1327.417	5175	−0.010
8778.465	1263.5	−0.033	2820.350	7466	−0.007
8779.464	1265	−0.011	2827.569	7477	+0.044
9109.525	1771.5	−0.011	2830.490	7481.5	+0.033
9111.515	1774.5	+0.024	2831.442	7483	+0.007
9112.455	1776	−0.013	2832.411	7484.5	−0.001
9158.376	1846.5	−0.034	2833.387	7486	−0.003
9187.378	1891	−0.030	2835.301	7489	−0.044
9401.479	2219.5	+0.004	2862.359	7530.5	−0.029
9431.472	2265.5	+0.021	2865.301	7535	−0.020
9579.342	2492.5	−0.034			

Die Minima ab 243 2820 sind visuell von Hoffmeister beobachtet.

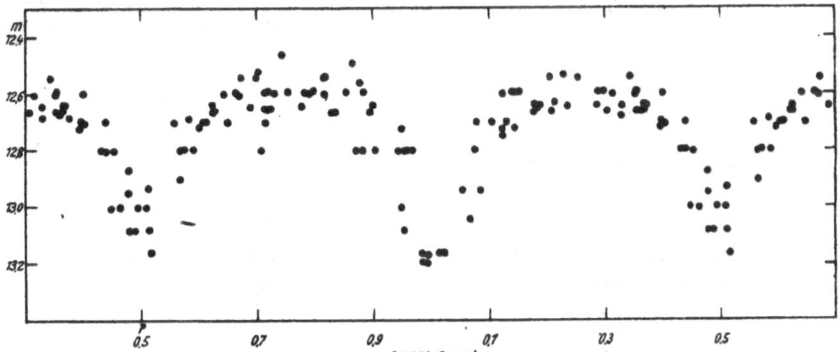

S 4554 Cygni

2334. **S 4555 Cyg** Algol-Stern; $12^{m}.0$—$12^{m}.8$.

$$m = 243\,0164.415 + 4^{d}.75852 \cdot E$$

Min.	*E*	*B–R*
243 0164.465	0	$+0^{d}.050$
1030.418	182	−0.048
2862.442	567	−0.054
2881.450	571	−0.080
2886.380	572	+0.092
3414.520	683	+0.036
3452.463	691	−0.089
3471.460	695	−0.126
3495.442	700	+0.063
3509.572	703	−0.082
3514.475	704	+0.062

Von dem außerhalb des Feldes der Triplet-Platten liegenden Stern wurden photographisch nur die zwei ersten Minima beobachtet. Die weiteren Minima wurden von Hoffmeister visuell gefunden. Nach Hoffmeister hat der Stern visuell nur eine Amplitude von $0^{m}.35$.

2335. **S 4556 Cyg** U Geminorum-Stern; $13^{m}.6$—[$16^{m}.3$.

Es wurden 4 Erhellungen beobachtet:

242 9102	$13^{m}.6$	242 9501—9514	$14^{m}.3$
9244	13.9	243 1030	14.6

Von der ersten Erhellung liegen folgende Abstiegsbeobachtungen vor:

9102	$13^{m}.6$	9112	$15^{m}.8$
9108	14.3	9116	[16.2

Das Normallicht des Sterns liegt anscheinend nur wenig unter $16^{m}.3$.

2336. **S 4557 Cyg** Langsam veränderlich; $14^{m}.4$—$15^{m}.2$.

Der als Algol-Stern angezeigte Stern ist zweifellos langsam veränderlich. Die Helligkeitsänderungen verlaufen in Form von Wellen wechselnder Amplitude, Länge und Gestalt. Stillstände und rasche Änderungen wurden nicht beobachtet. Der Stern ist gegenüber den Vergleichsternen schwach gerötet.

2337. **S 4558 Cyg** U Geminorum-Stern; $12^{m}.8$—$16^{m}.2$.

Es wurden folgende Erhellungen beobachtet:

242 9244	$13^{m}.9$
9571	12.8

Außerdem ist der Stern auf einer panchromatischen Platte von 242 9794 hell. Von der zweiten Erhellung liegen folgende Einzelbeobachtungen vor:

242 9553	$16^{m}.2$	242 9579	$14^{m}.6$
9571	12.8	9627	16.2

2338. S 4559 Cyg Langsam veränderlich; $13^m_.6$—$14^m_.8$.

Da der Stern außerhalb des Feldes der Triplet-Platten liegt, ist die Zahl der zur Verfügung stehenden Beobachtungen nur gering. Der Lichtwechsel erfolgt in Form sehr langer Wellen. Stillstände und rasche Änderungen wurden nicht beobachtet. Über die Farbe des Sterns ist nichts bekannt.

2339. S 4560 Cyg Langsam veränderlich; $14^m_.3$—$14^m_.8$.

Der Lichtwechsel dieses rötlichen Sterns erfolgt in Form unregelmäßiger Wellen. Stillstände und rasche Helligkeitsänderungen wurden nicht beobachtet.

2340. S 4561 Cyg Algol-Stern; $14^m_.3$—$15^m_.3$.

$m = 242\,9167.479 + 5^d_.47827 \cdot E.$

$D = 11^h_.8;\ d = 0^h.$

Min.	Gr.	*E*	*B—R*
242 9167.419	$15^m_.0$	0	$-0^d_.060$
9244.250	15.4	14	+0.075
9501.563	14.9	61	−0.090
243 0164.465	15.4	182	−0.059
0378.257	14.8	221	+0.080
0531.486	14.9	249	−0.082

2341. S 4562 Cyg Mira-Stern; $12^m_.2$—[$16^m_.0$.

$M = 242\,8868 + 364^d \cdot E.$

Max.	Gr.	*E*	*B—R*	Max.	Gr.	*E*	*B—R*
242 8865	$13^m_.3$	0	-3^d	243 0321	$12^m_.7$	4	-3^d
9231	12.5	1	−1	0685	12.5	5	−3
9600	13.0	2	+4	1055	13.0	6	+3
9965	12.2	3	+5				

Eine Halbierung der Periode kommt nicht in Frage.

2342. S 4563 Cyg Mira-Stern; $13^m_.2$—[$16^m_.3$.

$M = 242\,8090 + 420^d \cdot E.$

Max.	Gr.	*E*	*B—R*	Max.	Gr.	*E*	*B—R*
242 8069	$14^m_.5$	0	-21^d	243 0610	$13^m_.2$	6	0^d
9784	13.2	4	+14	1028	14.0	7	−2
243 0201	13.9	5	+11				

Eine Halbierung der Periode kommt nicht in Frage.

2343. S 4564 Cyg Langsam veränderlich; $14^m_.8$—$15^m_.5$.

Der gegenüber den Vergleichsternen nicht verfärbte Stern ändert seine Helligkeit in Form langsamer, flacher, unregelmäßiger Wellen.

2344. S 4565 Cyg Mira-Stern; $13^m.0$—$14^m.8$.

$M = 242\,7993 + 302^d \cdot E.$

Max.	Gr.	E	$B-R$	Max.	Gr.	E	$B-R$
242 8010	—	0	$+17^d$	242 9785	$13^m.0$	6	-20^d
8285	$13^m.5$	1	-10	243 0712	13.2	9	$+1$
9200	13.6	4	-1	1330	13.4	11	$+15$
9505	13.3	5	$+2$				

Die angegebenen Helligkeiten beziehen sich auf das Gesamtlicht des Veränderlichen und eines nördlich folgenden Sterns [$14^m.5$.

2345. S 4566 Cyg Mira-Stern; $13^m.4$—[$15^m.8$.

$M = 242\,7975 + 308^d \cdot E.$

Max.	Gr.	E	$B-R$	Max.	Gr.	E	$B-R$
242 7975	$13^m.6$	0	0^d	243 0445	$14^m.0$	8	$+6^d$
9195	13.4	4	-12	1055	—	10	0
9515	13.5	5	0				

2346. S 4567 Cyg μ Cephei-Stern; $13^m.7$—$14^m.8$.

Der Lichtwechsel vollzieht sich in Form längerer, unregelmäßiger Wellen. Stillstände von längerer Dauer und rasche Helligkeitsänderungen wurden nicht beobachtet. Der Stern ist auf MATTER-Platten $1^m.2$ schwächer als auf KRANZ Ultra-Platten.

2347. S 4568 Cyg Algol-Stern; $12^m.3$—$13^m.0$.

$m = 242\,8052.267 + 8^d.89254 \cdot E.$

$D = 21^h;\ d = 0^h.$

Min.	Gr.	E	$B-R$
242 8052.397	$12^m.6$	0	$+0^d.130$
8692.448	12.8	72	-0.082
9501.563	12.6	163	-0.188
9635.258	12.7	178	$+0.119$
9777.434	13.0	194	$+0.014$
243 0613.466	12.8	288	$+0.147$
1004.409	12.6	332	-0.181

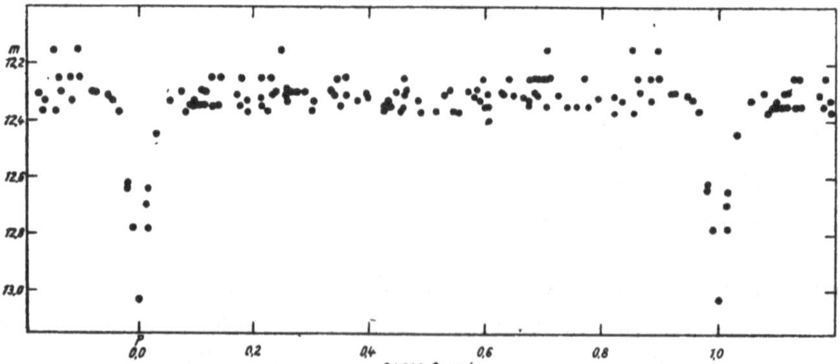

S 4568 Cygni

2348. S 4569 Cyg Mira-Stern; $12^{m}.5$—[$15^{m}.8$.

$M = 242\,9052 + 375^{d} \cdot E$.

Max.	Gr.	E	$B-R$
242 9080	$13^{m}6$	0	$+28^{d}$
9440	12.5	1	+13
243 0531	12.5	4	−21
1327	12.9	6	+25

Eine Halbierung der Periode ist sehr unwahrscheinlich.

2349. S 4570 Cyg Langsam veränderlich; $13^{m}.4$—$14^{m}.8$.

Der Stern ist nur auf den Platten des 400 mm-Astrographen zu beobachten Die sehr lückenhafte Lichtkurve zeigt einen Aufstieg von $14^{m}.9$ auf $14^{m}.1$ innerhalb von 35^{d} mit daranschließendem Abstieg auf $14^{m}.8$ innerhalb von 25^{d}, ein mirasternähnliches Maximum mit Auf- und Abstieg von $14^{m}.7$ auf $13^{m}.4$ und zurück auf $14^{m}.8$ innerhalb von 150^{d} und einen Aufstieg von $14^{m}.4$ auf $13^{m}.8$ innerhalb von 3^{d}.

Die Maxima liegen bei 242 9170 9515 243 0378

Eine Periode von 173^{d} widerspricht den Beobachtungen nicht.

Feld 130 Tauri

P. Ahnert

2350. S 3933 Tau Algol-Stern; $15^{m}0$—$16^{m}.4$.

$m = J.D.\ 242\,9575.628 + 1^{d}.88225 \cdot E$.

Min.	Gr.	E	$B-R$
242 9575.619	$15^{m}.80$	0	$-0^{d}.009$
9641.561	15.58	35	+0.054
9658.392	15.64	44	−0.055
243 0326.681	16.2	399	+0.035
0375.566	16.18	425	−0.018
0780.350	15.36	640	+0.082
0998.584	16.35	756	−0.025
1352.532	15.83	944	+0.060
1446.507	15.39	994	−0.077
1736.486	15.58	1148	+0.035
2118.548	16.15	1351	0.000
2884.561	[15.8	1758	−0.063

2351. S 3731 Tau μ Cephei-Stern; $12^{m}.3$—$13^{m}.4$.

Der Lichtwechsel verläuft sehr langsam und völlig regellos. Wellen von 200^{d} bis 400^{d} Dauer wechseln mit längeren Stillständen ab, die gelegentlich durch ein gut ausgeprägtes Minimum beendet werden. Der Stern ist rötlich.

2352. S 3732 Tau Unveränderlich; $14^{m}.2$.

Der Stern ist blauer als die beiden benutzten Vergleichsterne. Die beobachtete Streuung auf den Platten des 40 cm-Astrographen bleibt innerhalb $\pm 0^{m}.1$. Auf den Platten der 17 cm-Kamera ist die Streuung wegen der Randnähe des Sterns größer, spricht aber ebenfalls nicht für eine reelle Veränderlichkeit.

2353. S 3934 Tau μ Cephei-Stern; $9^m.8$—$10^m.3$.

Sehr langsame und völlig unregelmäßige Helligkeitsänderungen (*BD*+18°867 [$9^m.0$] = *HD* 36231, Sp. *Mb*).

2354. 1002.1935 Tau *BD*+21°892 ($9^m.0$) Unveränderlich; $9^m.5$.

Dieser Stern ist auch im Draper Catalogue unter Nr. 36 707 mit $9^m.8$ phg. enthalten, Spektrum *F* 5. Hopmann maß ihn als Vergleichstern zum Crabnebel $7^m.44$ (*AN* 5135, 1921), Zinner fand ihn 1935 Okt. 31 $8^m.4$ vis. und vermutete auf 10 Platten eine langsame Abnahme (*AN* 6186, 1936). Im Gegensatz zu diesen Beobachtungen zeigt der Stern sowohl auf der Wolf-Palisakarte wie auf allen Sonneberger Aufnahmen (1933—1950) stets die gleiche konstante Helligkeit $9^m.5$ phg. (Mittel aus den Harvardgrößen für den verdächtigten Stern und für den als Vergleichstern mitbenutzten *BD*+21°896 = *HD* 36 853, *K*0, $9^m.6$ phg.).

2355. HV 6915 Tau Mira-Stern; $13^m.4$—$16^m.0$.

$M = J.D.\ 242\,9288 + 208^d \cdot E,\ M - m = 103^d$.

Max.	*E*	Gr.	*B—R*	Max.	*E*	Gr.	*B—R*
242 9280	0	$13^m.7$	-8^d	243 0960	8	$13^m.5$	$+8^d$
9705	2	13.5	+1	1375	10	13.6	+7
9915	3	13.5	+3	1785	12	13.4	+1
243 0333	5	13.7	+5	2180:	14	13.4	−20:
0750	7	13.6	+6				

Min.	*E*	Gr.	*B—R*	Min.	*E*	Gr.	*B—R*
242 9380	1	$16^m.0$	-13^d	243 0650	7	$15^m.7$	$+9^d$
9600	2	15.7	−1	1060	9	15.8	+3
2430 220	5	15.9	−5	0480	11	15.7	+7

2356. S 3733 Tau μ Cephei-Stern; $12^m.4$—$13^m.5$.

Der Veränderliche (*BD*+16°840, $9^m.5$) zeigt sehr langsamen Lichtwechsel in Wellen bis zu 250^d Länge; schnellste beobachtete Helligkeitsänderung $0^m.7$ in 70^d.

2357. 275.1934 Tau μ Cephei-Stern; $10^m.8$—$11^m.5$.

Zwischen 242 9200 und 30 000 wurden gut ausgebildete, ziemlich regelmäßige Wellen von 115^d Länge bei einer Amplitude von $0^m.5$ beobachtet. Nach 30000 traten nur noch außerordentlich langsame, unregelmäßige Schwankungen zwischen $11^m.0$ und $11^m.25$ auf. Der Veränderliche ist *BD*+18°915 ($9^m.0$).

2358. S 3734 Tau μ Cephei-Stern; $13^m.4$—$14^m.3$.

Zeitweise treten Wellen von 130^d bis 170^d Dauer auf, deren Einzelamplituden $0^m.6$ nicht übersteigen, zu anderen Zeiten scheint der Lichtwechsel für ein bis zwei Jahre fast zum Stillstand zu kommen.

2359. S 3735 **Tau** μ Cephei-Stern; $12^{m}.8$—$14^{m}2$.

Der Stern ist sehr rot, Spektrum vermutlich *N*. Er zeigt meist langsamen Lichtwechsel mit geringer Amplitude. Eigentliche Wellen mit ausgeprägten Maxima und Minima treten nur selten auf. Auffallend ist ein tiefes Minimum 243 1845 ($14^{m}2$) mit darauffolgendem ebenso gut definiertem Maximum 31945 ($12^{m}.8$).

2360. **HV 6920 Tau** RR Lyrae-Stern; $13^{m}.5$—$14^{m}.3$.

Der Veränderliche ist ohne Zweifel raschwechselnd. Die Verteilung der einzelnen Helligkeitswerte läßt RRa-Charakter vermuten.

2361. S 3935 **Tau** RR Lyrae-Stern; $14^{m}.8$—$15^{m}.6$.

Die Beobachtungen deuten mit Sicherheit auf raschen Lichtwechsel. Der Untertyp ist vermutlich *b*.

2362. 281.1934 **Tau** μ Cephei-Stern; $11^{m}.8$—$13^{m}.7$.

Der rote Stern zeigt unregelmäßige Wellen von 200^{d} bis 260^{d} Dauer und wechselnden Amplituden, die auch für den einzelnen Auf- und Abstieg nahe 2^{m} erreichen können. Die Minima sind spitzer und besser definiert als die meist flachen Maxima. Zeiten kräftigen Lichtwechsels waren *J.D.* 242 5500 bis 26300 (auf Überwachungsplatten beobachtet) und 242 9500 bis 30500, während der Stern zwischen 242 6300 und 28300 (Überwachungsplatten) nur sehr langsam mit kleiner Amplitude um $13^{m}.0$ schwankte und 243 0500 bis 31100 fast konstant $12^{m}.0$ blieb. Der Veränderliche ist *BD*+15°921 ($9^{m}.5$).

2363. S 3736 **Tau** = *BD*+18°955 ($8^{m}.4$) Unveränderlich; $8^{m}.7$.

Dieser Stern hat im Draper Catalogue (*HD* 38321) das Spektrum *G* 5. Auf den Matter-Sternplatten des 40 cm-Astrographen erscheint er $8^{m}.74$ mit dem mittleren Fehler einer Beobachtung $\pm 0^{m}.07$, auf den Kranz Ultra-Platten der 17 cm-Kamera $8^{m}.69$ mit dem m. F. einer Beob. $\pm 0^{m}.06$. Die beobachteten Extremhelligkeiten sind auf den Matter-Platten $8^{m}.55$ und $8^{m}.82$, auf den Kranz-Platten $8^{m}.57$ und $8^{m}.90$.

2364. **HV 6922 Tau** μ Cephei-Stern; $14^{m}.8$—$15^{m}.5$.

Die spärlichen Beobachtungen deuten auf langsamen Lichtwechsel. Leider war auf den meisten Platten wegen der Nähe von *BD*+18°955 keine brauchbare Schätzung zu gewinnen.

2365. S 3737 **Tau** μ Cephei-Stern; $13^{m}.1$—$14^{m}.2$.

Zeitweise wurden Stillstände von mindestens Jahreslänge beobachtet, zeitweise traten flache Wellen von 300^{d} bis 400^{d} Dauer auf. Ein ausgeprägtes Minimum fiel auf 243 1875 ($14^{m}.2$).

2366. 1007.1935 **Tau** Unveränderlich; $10^{m}.9$.

Nach Zinner war der Stern von 242 6219 bis 27482 zwischen $10^{m}.8$ und $11^{m}.4$ langsam und unregelmäßig veränderlich (*AN* 6186, 1936). Die Aufnahmen der beiden Sonneberger Astrographen (40 und 17 cm) zeigen den Stern zwischen 242 9250 und 32887 konstant $10^{m}.92$ mit einem mittleren Fehler einer Beobachtung von $\pm 0^{m}.09$. Die Farbe ist gelb.

2367. HV 6923 Tau Z Aquarii-Stern; $13\overset{m}{.}0$—$15\overset{m}{.}5$.

$M = J.D.\ 242\ 9238 + 364^{d} \cdot E.$

Max.	*E*	Gr.	*B–R*	Max.	*E*	Gr.	*B–R*
242 9235	0	$13\overset{m}{.}0$	-3^{d}	243 1430	6	$14\overset{m}{.}2$	$+8^{d}$
9600	1	14.3	− 2	1792	7	13.6	+ 6
243 0332	3	14.3	+ 2	2140	8	13.4	−10

Spektrum wahrscheinlich *N*, Kurvenverlauf sehr veränderlich.

2368. S 3738 Tau Mira-Stern; $14\overset{m}{.}5$—17^{m}.

$M = J.D.\ 242\ 9390 + 327^{d} \cdot E.$

Max.	*E*	Gr.	*B–R*	Max.	*E*	Gr.	*B–R*
242 9390	0	$15\overset{m}{.}2$	0^{d}	243 1030	5	$14\overset{m}{.}5$	$+5^{d}$
9715	1	15.4	−2	1350	6	14.8	−2
243 0370	3	15.2	−1				

2369. S 3739 Tau μ Cephei-Stern; $12\overset{m}{.}7$—$14\overset{m}{.}0$.

Zeitweise äußerst langsame und geringe Helligkeitsschwankungen um $13\overset{m}{.}0$ (Amplitude ca. $0\overset{m}{.}2$, Wellen von ca. 400^{d} Länge), dazwischen unregelmäßige, kräftige Wellen von 150^{d} bis 250^{d} Dauer und Amplituden von $0\overset{m}{.}5$ bis $1\overset{m}{.}0$.

2370. S 3740 Tau μ Cephei-Stern; $13\overset{m}{.}5$—$14\overset{m}{.}9$.

Der Stern ist sehr rot, Spektrum vermutlich *N*. Der Lichtwechsel war zwischen 242 9200 und 30000 sehr langsam und völlig regellos, so daß man nicht einmal von Wellen sprechen kann: Später treten unregelmäßige Wellen auf, die um 243 2000 sehr lebhaft werden (Aufstieg um $1\overset{m}{.}3$ in 25^{d}).

2371. S 3741 Tau Algol-Stern; $13\overset{m}{.}7$—$14\overset{m}{.}5$.

$m = J.D.\ 243\ 0258.610 + 1\overset{d}{.}748815 \cdot E.$

Min.	*E*	Gr.	*B–R*
243 0258.631	0	$14\overset{m}{.}3$	$+0\overset{d}{.}021$
3321.562	36	14.3	−0.005
3996.593	422	14.2	−0.017
1003.584	426	14 5	−0.021
1435.560	673	14.4	−0.002
1848.304	909	14.2	+0.021

2372. S 3742 Tau Mira-Stern; $12\overset{m}{.}7$—18^{m}:

$M = J.D.\ 242\ 9510 + 335\overset{d}{.} \cdot E.$

Max.	*E*	Gr.	*B–R*	Max.	*E*	Gr.	*B–R*
242 9510	0	$13\overset{m}{.}4$	0^{d}	243 1857	7	$12\overset{m}{.}7$	$+2^{d}$
9850	1	13.4	+5	2185	8	12.8	−5
243 1518	6	13.0	−2	2860	10	13.5	0

2373. **S 3743 Tau** Algol-Stern; $11^m_.7$—$12^m_.3$.
Die 3 beobachteten Minima lassen sich darstellen durch die Elemente

$$m = J.D.\ 242\ 9641.562 + 5\ 39462 \cdot E.$$

Min.	E	Gr.	$B-R$
242 9641.561	0	$12^m_.0$	$-0^d_.001$
243 0326.681	127	12.3	+0.002
1470.336	339	11.9	−0 002

Obgleich keine sicheren Widersprüche mit den anderen Beobachtungen auftreten, möchte ich doch diese Elemente wegen der geringen Zahl der Minima vorläufig noch als zweifelhaft bezeichnen.

2374. **S 3744 Ori** μ Cephei-Stern; $13^m_.9$—$14^m_.8$.
Der stark rötliche Stern zeigt unregelmäßige, meist sehr flache Wellen von durchschnittlich 200^d Dauer.

2375. **S 3936 Tau** Mira-Stern; $14^m_.9$—[17^m.

$$M = J.D.\ 242\ 9700 + 165\ 5 \cdot E.$$

Max.	E	Gr.	$B-R$	Max.	E	Gr.	$B-R$
242 9705	0	$16^m_.2$	$+5^d$	243 1530	11	$15^m_.4$	$+10^d$
243 0367	4	14.9	+ 5	1847	13	15.4	− 5
1000	8	15.6	−24	2025	14	15.5	+ 8

2376. **S 3937 Ori** RR Lyrae-Stern; $15^m_.1$—$16^m_.1$.
Der Stern ist raschwechselnd. Das verhältnismäßig häufige Auftreten mittlerer Helligkeiten läßt auf RRb-Charaker schließen.

2377. **S 3938 Ori** Z Aquarii-Stern; $14^m_.4$—$15^m_.9$.

$$M = J.D.\ 242\ 9195 + 360^d \cdot E.$$
$$M - m = 180^d.$$

Max.	E	Gr.	$B-R$	Min.	E	Gr.	$B-R$
242 9200	0	$14^m_.5$	$+5^d$	242 9375	1	$15^m_.8$	0^d
9590	1	14.5	+35	9705	2	15.4	−30
9870	2	14.5	−45	243 0450	4	15.2	− 5
243 0240	3	14.4	−35	0850	5	15.2	+35
0650	4	14.5	+15	1535	7	15.9	0
1020	5	14.6	+25				
1350	6	14.5	− 5				

Länge und Amplituden der einzelnen Zyklen variieren stark.

2378. **S 3745 Ori** Algol-Stern; $14^m_.9$—$17^m_.0$:

$$m = J.D.\ 243\ 0367.319 + 3^d_.08983 \cdot E.$$

Min.	E	Gr.	$B-R$
243 0367.293	0	$16^m_.55$	$-0^d_.026$
0614.587	80	15.55	+0.082
0781.383	134	16.45	+0.027
1470.336	357	15.8	−0.052

2379. S 3746 Ori RR Lyrae-Stern? $14^{m}.6$—$15^{m}.1$.

Der weiße Stern wechselt seine Helligkeit regellos zwischen $14^{m}.55$ und $15^{m}.12$ (beobachtete Extremwerte). Die Farbe läßt RR Lyrae-Art vermuten, die aus dem Lichtwechsel selbst nicht sicher erkennbar ist. Wenn der Stern raschwechselnd ist, dürfte RRc-Charakter vorliegen.

2380. S 3939 Ori RR Lyrae-Stern; $15^{m}.2$—$16^{m}3$.

Der Stern ist mit Sicherheit raschwechselnd. Das relativ häufige Vorkommen minimumnaher Helligkeiten läßt auf RRa Charakter schließen.

2381. S 3747 Ori μ Cephei-Stern; $11^{m}.2$—$11^{m}.9$.

Die Helligkeit des Veränderlichen ändert sich sehr langsam in unregelmäßigen Wellen von über 300^{d} Länge.

2382. S 3940 Ori Algol-Stern; $15^{m}.1$—$16^{m}.2$.

Von diesem Stern wurden die folgenden Minima beobachtet:

242 9365.538	$16^{m}.2$	243 1007.605	$16^{m}.0$
9575.619	15.7	1912.349	15.7
243 0258.631	16.2		

2383. Ross 190 Ori.

Dieser Veränderliche ist auf keiner Aufnahme zwischen 242 9250 und 32998 sichtbar. Er war also während dieses Zeitraums — je nach der Reichweite der vorhandenen Platten — [15^{m} bis [17^{m}.

2384. S 3748 Ori RW Aurigae-Stern; $12^{m}.5$—$16^{m}0$.

Der Veränderliche ist ein typischer RW Aurigae-Stern. Er bevorzugt die größeren Helligkeiten. Die tiefen Minima können sowohl spitz als breit mit raschen sekundären Schwankungen sein. Stillstände im hellen Licht sind möglich, aber nicht sicher nachweisbar. Einzelheiten sind aus der Kurve zu ersehen.

2385. S 3941 Ori Z Aquarii-Stern; $12^{m}.5$—$13^{m}.7$.

Sehr unregelmäßiger Kurvenverlauf. Die Minima sind besser definiert als die flachen Maxima. Sie lassen sich zwischen 242 9500 und 31600 durch die Elemente

$$m = J.D.\ 242\ 9601 + 362^{d} \cdot E$$

darstellen, während 5 Beobachtungen vor 242 9400 schlecht dazu passen. Möglicherweise liegt eine Übergangsform zum μ Cephei-Typ vor.

Min.	E	Gr.	$B-R$	Min.	E	Gr.	$B-R$
242 9600	0	$13^{m}.7$	-1^{d}	243 0710	3	$13^{m}.3$	$+23^{d}$
9960	1	13.7	−3	1050	4	13.1	+1
243 0330	2	13 5	+5	1385	5	13.1	−26

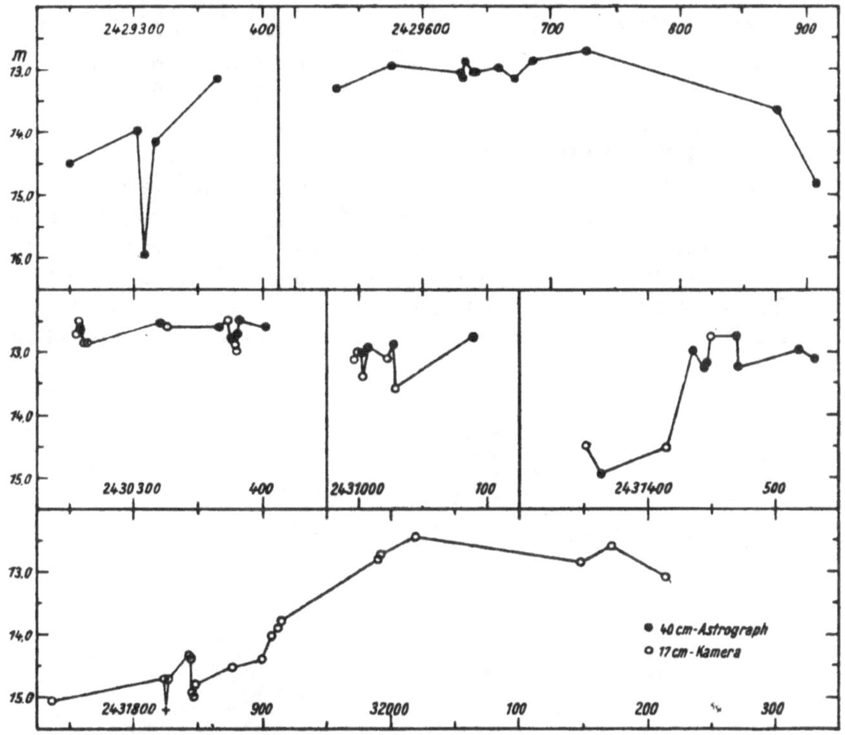

S 3748 Orionis

2386. **S 3749 Ori** Algol-Stern; $14^m.8$—[17^m.

Folgende Minima wurden beobachtet:

242 9631.506	$16^m.30$	243 1470.336	$15^m.73$
9727.339	16.57	1518.385	16.02
9906.601	[17	1530.333	16.04
243 0382.555	15.68	1848.304	[16.5
0779.305	16.62	2019.548	[16.5
1446.507	[17		

2387. **S 3750 Ori** Z Aquarii-Stern; $13^m.7$—$16^m.0$.

Der Stern zeigt trotz der verhältnismäßig großen Amplitude starke Unregelmäßigkeit in Kurvenform und Zyklenlänge, muß aber wohl noch zu den periodischen Veränderlichen gezählt werden.

$$M = J.D.\ 242\ 9291 + 344^d \cdot E, \quad M - m = 156^d.$$

Max.	E	Gr.	B—R	Max.	E	Gr.	B—R
242 9250	0	$14^m.4$	-41^d	243 1445	6	$13^m.9$	$+90^d$
9630	1	14.4	− 5	1700	7	14.0	+ 1
243 0370	3	13.7	+47	1960	8	14.3	−83
1000	5	14.0	−11				

Min.	E	Gr.	$B-R$	Min.	E	Gr.	$B-R$
242 9475	1	$15^m\!.4$	-4^d	243 1600	7	$15^m\!.1$	$+57^d$
9790	2	15.3	−33	1865	8	16.0	−22

2388. **286.1934 Ori** Unveränderlich; $10^m\!.4$.

Auf den Platten des Feldes 130 Tau wurde die mittlere Helligkeit des als Bedeckungsveränderlicher angezeigten Sterns zu $10^m\!.34$ mit einem mittleren Fehler einer Beobachtung $\pm 0^m\!.05$ abgeleitet. Die Platten von k Ori ergeben $10^m\!.42$ als Mittelwert, mittlerer Fehler einer Beobachtung ±0.06 und die Überwachungsplatten $10^m\!.45$, mittlerer Fehler einer Beobachtung $\pm 0^m\!.10$. Auf keiner der Reihen konnte eine sichere Schwächung festgestellt werden.

E/272 —0,850— 351 (G 156)

FSC
www.fsc.org
MIX
Papier | Fördert
gute Waldnutzung
FSC® C083411

Kolibri 360 GmbH
Ferdinand-Jühlke-Straße 7
99095 Erfurt, Deutschland
produktsicherheit@kolibri360.de